機械工学入門シリーズ

要説 機械製図

第3版

大西 清 著

Ohmsha

本書を発行するにあたって，内容に誤りのないようできる限りの注意を払いましたが，本書の内容を適用した結果生じたこと，また，適用できなかった結果について，著者，出版社とも一切の責任を負いませんのでご了承ください．

本書に掲載されている会社名・製品名は一般に各社の登録商標または商標です．

　本書は，「著作権法」によって，著作権等の権利が保護されている著作物です．本書の複製権・翻訳権・上映権・譲渡権・公衆送信権（送信可能化権を含む）は著作権者が保有しています．本書の全部または一部につき，無断で転載，複写複製，電子的装置への入力等をされると，著作権等の権利侵害となる場合があります．また，代行業者等の第三者によるスキャンやデジタル化は，たとえ個人や家庭内での利用であっても著作権法上認められておりませんので，ご注意ください．
　本書の無断複写は，著作権法上の制限事項を除き，禁じられています．本書の複写複製を希望される場合は，そのつど事前に下記へ連絡して許諾を得てください．

出版者著作権管理機構
（電話 03-5244-5088，FAX 03-5244-5089，e-mail：info@jcopy.or.jp）

JCOPY ＜出版者著作権管理機構 委託出版物＞

はしがき

　機械製図というのは，機械についての図面を描くこと，と同時に，その図面の内容を理解すること，について学ぶ学問であります．この二つのことは表裏一体でして，これをいいかえれば，図面という情報を正確に取り扱うには，どのようにしたらよいか，というのが，この学問の目的であるということになります．

　いまや情報化時代で，世間にはさまざまな情報がとびかっています．言葉にしても，情報の一つです．正しい言葉づかいをしないと，せっかくの情報が他の人に本当の意味で伝わらないように，図面という情報も，正しく描かないと，見る人に正しくその情報を伝えることはできません．

　また，わかりやすい言い方，というものがあります．同じことでも，まわりくどい言い方をされたのでは理解しにくいように，図面にも，わかりやすい描き方，簡明な描き方ということがたいせつです．

　このような，正しい描き方，わかりやすい描き方がなされている図面は，たとえそれがどのような複雑なものであっても，見る側にとってそれは決して難解ではありません．言葉に文法があるように，図面を描くにも，そのようなきまりがあります．これを製図法といいます．

　製図法については，一つの会社とか業界のような狭い範囲でとりきめたのでは，その外へ出ると意味のとりちがえその他が多いので，できるだけ広い範囲で適用されるものが望ましいといえます．わが国ではもちろん国家でその規格(JIS)が定められていることはご承知の通りです．ことに最近では，技術の面での国際交流がはげしいので，日本の規格といえども国際的にも通用するように定めてあります．本書によって，みなさんは上記のことがらについて充分に勉強して下さるようお願いします．

　ところで図面は何のために描くかといいますと，もちろんその品物を製作するためというのが最も主要な目的です．その描かれた品物が，材料の段階から，どのよ

うな加工をつぎつぎに受けて製品となってゆくかについて，図面を描く人，見る人にとって，ある程度の知識はぜひとも必要です．本書では，紙面の許す限り，図示法とともに，加工法についてもふれておきました．

このような機械製図を学ぶことによってさらに重要なことは，図面を通して広く機械工学一般にも目をひろげることができる，ということです．いままでなにげなしに眺めていたねじ1本，歯車1個についても，これを工学的な見方をすれば，そこには人間の長い経験や深い知恵があることがわかってくることでしょう．

このように，現在では，図面こそ技術の最も凝縮した姿であるとさえいわれているのです．機械製図を通じて機械工学への第一歩をしるす，このような心がまえで本書を読んで頂ければ，著者として何ものにもまさる幸いです．

1987年8月

著　者

第3版の序

本書は1987年に理工学社から初版が発行されて以来，機械製図法を学ぶ読者の皆様に長らく支持をいただいてまいりました．

今回の改訂にあたっては，故 大西清先生の薫陶を受けられた東京都市大学名誉教授 平野重雄先生にご協力をお願いし，オーム社 書籍編集局内において，2015年1月時点での最新JIS規格にもとづき，製図総則（JIS Z 8310：2010），機械製図（JIS B 0001：2010），溶接記号（JIS Z 3021：2010），歯車製図（JIS B 0003：2012）等の改正に対応すべく全体を見直し，本文中の該当か所ならびに製作図について，それらを反映して刷新いたしました．

ここに，本書の完成を大西清先生にご報告するとともに，これからも読者の皆様のお役に立つことを願って，第3版の序といたします．

2015年3月

オーム社　書籍編集局

改訂協力　大西清設計製図研究会
　　　　　大西正敏　　愛知工科大学教授
　　　　　平野重雄　　東京都市大学名誉教授　（公社）日本設計工学会監事

目次

1章 機械製図について

1・1 機械と製図…………………… 001
  1. 機械とは何なのだろうか………… 001
  2. 機械にはどのような種類があるか
    ……………………………… 002
  3. 製図とはどういうことか………… 004
  4. 主な機械図面の種類……………… 005

1・2 製図規格について………………… 007
  1. 製図規格の芽生え………………… 007
  2. わが国における製図規格のあゆみ
    ……………………………… 008
  3. JIS の概要について …………… 010

2章 投影法，線，尺度および文字

2・1 製図の原理………………………… 011
2・2 なぜ正投影だけが用いられるのか
    ……………………………… 013
2・3 投影法……………………………… 014
2・4 線の用法…………………………… 015

2・5 図面のサイズおよび尺度………… 018
2・6 文字………………………………… 019
  1. 文字の種類………………………… 019
  2. 文字の大きさ……………………… 020
  3. 文字の書体………………………… 020

3章 図形の表し方

3・1 正面図の選び方…………………… 021
3・2 必要な投影図の数………………… 022
3・3 投影図を描くときに注意すべきこと
    ……………………………… 024
  1. かくれ線を用いなくてもすむ面を
    選ぶ………………………… 024
  2. 加工時の品物の向き……………… 024

3・4 図形を描くときの補助的方法…… 025
  1. 局部投影図………………………… 025
  2. 部分投影図………………………… 025
  3. 補助投影図………………………… 026
  4. 回転投影図………………………… 027
  5. 展開図……………………………… 027

4章 断面図示法

- 4·1 断面図について ……………… 029
  1. 断面とは ……………………… 029
  2. 断面図の考え方 ……………… 030
  3. 切断線 ………………………… 031
- 4·2 断面図の種類 ………………… 031
  1. 全断面図 ……………………… 031
  2. 片側断面図 …………………… 032
  3. 部分断面図 …………………… 032
  4. 回転図示断面図 ……………… 032
  (1) 中間断面法 ………………… 032
  (2) 補助断面法 ………………… 033
  (3) 仮想断面法 ………………… 033
  5. 組合わせによる断面図 ……… 033
  6. 多数の断面図による図示 …… 034
  7. 薄物の断面図 ………………… 034
  8. 断面図のハッチングおよび
     スマッジング ………………… 034
  (1) ハッチングの角度 ………… 035
  (2) 隣接する切り口 …………… 035
  (3) スマッジング ……………… 035
- 4·3 切断しないもの ……………… 035

5章 特殊な図示法

- 5·1 省略図示法 …………………… 037
  1. 対称図形の省略 ……………… 037
  2. 繰返し図形の省略 …………… 038
  3. 中間部の短縮省略 …………… 038
  4. かくれ線の省略 ……………… 039
- 5·2 慣用図示法 …………………… 039
  1. 部分投影図の活用 …………… 039
  2. 二つの面の交わり部の表示 … 039
  3. 相貫線の表示 ………………… 040
  4. 平面部の表示 ………………… 040
  5. 想像図示 ……………………… 040
  (1) 切断面の手前側にある部分の図示
     ……………………………………… 041
  (2) 隣接部の図示 ……………… 041
  (3) 運動範囲，加工変化 ……… 041
  6. 特殊な加工部分の表示 ……… 041
  7. 模様などの図示 ……………… 041

6章 寸法の記入法

- 6·1 図面に記入する寸法 ………… 043
- 6·2 寸法記入の一般形式 ………… 044
  1. 寸法線，寸法補助線 ………… 044
  2. 矢印 …………………………… 045
- 6·3 寸法数値の記入法 …………… 045
  1. 寸法数値の記入上の原則 …… 045
  2. 狭い場所への寸法記入 ……… 046
  (1) 引出線 ……………………… 046
  (2) 寸法線を延長する ………… 046
  (3) 部分拡大図を用いる ……… 046
- 6·4 寸法補助記号 ………………… 047
  1. 直径の記号 ϕ …………… 047
  2. 球の直径または半径の記号 $S\phi$，
     SR ……………………………… 048
  3. 正方形の記号 □ …………… 048
  4. 半径の記号 R ……………… 048
  5. コントロール半径 CR …… 049
  6. 円弧の長さの記号 ⌒ ……… 049

7. 面取りの記号 C……………… 050	（2） 鋼構造物などの寸法表示　055
8. 板の厚さの記号 t……………… 050	3. 文字記号による寸法記入…… 056
6・5 穴の表し方………………………… 051	4. 連続する穴の寸法記入……… 056
1. 小径の穴の場合……………… 051	5. 作図線による寸法記入……… 057
（1） 穴が丸く表れている場合　051	6. 円弧部分の寸法記入………… 057
（2） 穴が丸く表れない場合　051	7. 長円の寸法記入……………… 057
（3） 貫通穴でない場合　051	8. 曲線の寸法記入……………… 057
2. 大径の穴の場合……………… 052	9. 尺度によらない場合………… 058
3. ざぐり，深ざぐりおよび皿ざぐり	6・8 寸法記入上とくに留意すべき事項
……………………………………… 052	……………………………………… 058
6・6 こう配およびテーパの表し方…… 053	1. 寸法はなるべく正面図に集中して
6・7 寸法記入上の一般的な注意事項… 054	記入する……………………… 059
1. 寸法線の配列………………… 054	2. 寸法の重複記入は避ける…… 059
（1） 隣接して連続する寸法線　054	3. 寸法は計算して求める必要がない
（2） 多数の平行する寸法線　054	よう記入する………………… 059
（3） 対称省略図形の寸法線　054	4. 不必要な寸法は記入しない… 059
2. 寸法数値の記入位置………… 054	5. 寸法は基準部を設けて記入する… 059
（1） 寸法数値は読みやすく記入する	6. 寸法は工程別に記入する…… 060
054	

7章　表面性状の図示法

7・1 表面性状について………………… 063	（3） 寸法補助線に指示する場合　070
7・2 輪郭曲線，断面曲線，粗さ曲線，	（4） 円筒表面に指示する場合　070
うねり曲線……………………… 064	（5） 寸法線に指示する場合　070
7・3 輪郭曲線パラメータ……………… 065	（6） 幾何公差の公差記入枠に指示する
1. 輪郭曲線から計算されたパラメータ	場合　070
……………………………………… 065	（7） 部品一周の全面に同じ図示記号を
2. その他の用語解説…………… 066	指示する場合　071
7・4 表面性状の図示法………………… 067	5. 表面性状の要求事項の簡略図示… 071
1. 表面性状の図示記号………… 067	（1） 大部分の表面が同じ図示記号の
2. パラメータの標準数列……… 068	場合　071
3. 表面性状の要求事項の指示位置… 068	（2） 指示スペースが限られた場合　071
4. 表面性状図示記号の記入法……… 069	（3） 図示記号だけによる場合　071
（1） 一般事項　069	
（2） 外形または引出線に指示する場合	
069	

8章　寸法公差およびはめあい

- 8・1　寸法公差と限界ゲージ……………073
  - 1.　寸法公差とは………………………073
  - 2.　限界ゲージについて………………074
- 8・2　はめあい方式………………………074
  - 1.　はめあいについて…………………074
    - （1）　すきまばめ　　　　　　　075
    - （2）　しまりばめ　　　　　　　075
    - （3）　中間ばめ　　　　　　　　075
  - 2.　実際のすきまおよびしめしろ……075
  - 3.　基準となる穴または軸……………076
  - 4.　基準寸法の区分……………………077
  - 5.　公差等級……………………………077
  - 6.　公差域クラス………………………078
  - 7.　上の寸法許容差および下の
       寸法許容差…………………………079
- 8・3　多く用いられるはめあい…………080
  - 1.　多く用いられるはめあいの種類…080
  - 2.　多く用いられるはめあいにおける
       寸法許容差の求め方………………080
    - （1）　穴の寸法許容差の求め方　083
    - （2）　軸の寸法許容差の求め方　083
    - （3）　はめあい数値の求め方　　083
- 8・4　寸法許容差およびはめあいの
       図面記入法…………………………088
  - 1.　寸法許容差を数値で示す記入法…088
  - 2.　寸法許容差を公差域クラスで示す
       記入法………………………………088
  - 3.　組立てた状態での寸法許容差の
       記入法………………………………089
  - 4.　角度の寸法許容差の記入法………089
  - 5.　寸法許容差記入上の注意…………090
    - （1）　寸法許容差の重複を避ける　090
    - （2）　寸法許容差は機能を要求する
           寸法に直接記入する　　　　090

9章　幾何公差および最大実体公差の図示法

- 9・1　幾何公差の図示法…………………091
  - 1.　幾何公差について…………………091
  - 2.　幾何公差における公差域…………092
  - 3.　幾何公差の図示法…………………093
    - （1）　線または面全体に公差を指定する
           場合　　　　　　　　　　　093
    - （2）　軸線また中心面に公差を指定する
           場合　　　　　　　　　　　094
    - （3）　データムの指示　　　　　094
    - （4）　理論的に正確な寸法　　　094
  - 4.　寸法公差方式と幾何公差方式の
       公差域の比較………………………095
- 9・2　最大実体公差の図示法……………096
  - 1.　最大実体とは………………………096
  - 2.　最大実体公差の記入例とその説明
       …………………………………………097
    - （1）　ピン部品の場合の例　　　097
    - （2）　穴部品の場合の例　　　　098

10章　主要な機械要素の図示法

- 10・1　ねじ製図……………………………099
  - 1.　ねじについて………………………099
  - 2.　ねじ山の種類………………………100
    - （1）　メートル系ねじ　　　　　100
    - （2）　インチ系ねじ　　　　　　102
    - （3）　管（くだ）用ねじ　　　　102

（4） 角ねじ，台形ねじ 103	（3） 寸法系列 122
3. ねじ製図規格について……… 103	4. 転がり軸受の呼び番号………… 123
4. ねじの図示法……………… 104	（1） 軸受系列記号 124
（1） 実形図示 104	（2） 内径番号 124
（2） 通常図示 104	（3） 接触角記号 124
（3） 簡略図示 105	（4） 補助記号 125
5. ねじの表し方……………… 106	5. 転がり軸受の図方法………… 125
（1） ねじの表し方の項目および構成 106	（1） 基本簡略図示法 125
	（2） 個別簡略図示法 127
（2） ねじの呼び 107	6. 旧規格による転がり軸受の略画法 …………………………… 127
（3） ねじのリード 108	
（4） ねじ山の巻き方向 108	10・5 軸および軸固着部品の図示法…… 128
（5） ねじの等級 109	1. 軸 128
6. ねじの寸法記入法……………… 109	（1） 軸とは 128
10・2 歯車製図…………………… 110	（2） センタ穴の図示法 128
1. 歯車について……………… 110	2. キー 130
2. 歯車の種類………………… 112	（1） 平行キー 130
3. 歯形各部の名称…………… 112	（2） こう配キー 132
4. 歯車の歯形曲線…………… 112	（3） 半月キー 132
5. 歯形の創成………………… 113	（4） キー溝の図示法 132
6. 標準歯車と転位歯車……… 114	10・6 軸継手の図示法………………… 133
7. 歯車の図示法について…… 115	1. 固定軸継手………………… 134
8. かみ合う歯車の図示法…… 115	（1） はめあい記号 135
9. 歯車の製作図……………… 116	（2） 幾何公差 135
10・3 ばね製図…………………… 117	（3） 表面性状 136
1. ばねについて……………… 117	2. たわみ軸継手……………… 136
2. コイルばねの図示法……… 118	3. 自在継手…………………… 136
3. 重ね板ばねの図示法……… 119	10・7 溶接継手の図示法……………… 137
10・4 転がり軸受製図…………… 120	1. 溶接記号の構成…………… 138
1. 転がり軸受について……… 120	（1） 記号の位置 138
2. 転がり軸受の種類………… 121	（2） 基本記号 139
3. 転がり軸受の主要寸法…… 121	（3） 補助記号 141
（1） 直径系列 122	2. 寸法の指示………………… 141
（2） 幅（または高さ）系列 122	3. 溶接記号の使用例………… 141

11章 図面管理

- 11・1 図面管理について………………… 143
- 11・2 図面の様式……………………… 143
  - 1. 図面の大きさおよび輪郭………… 143
  - 2. 表題欄……………………………… 144
  - 3. 図面番号…………………………… 145
  - 4. 中心マーク………………………… 146
  - 5. その他……………………………… 146
    - (1) 図示の区域 146
    - (2) 裁断マーク 147
- 11・3 照合番号………………………… 147
- 11・4 部品欄…………………………… 148
- 11・5 材料記号………………………… 148
  - 1. 鉄鋼材料記号……………………… 148
  - 2. 非鉄金属材料記号………………… 150
    - (1) 伸銅品 150
    - (2) アルミニウムおよびその合金 150
    - (3) その他 150
- 11・6 検図……………………………… 153
  - 1. 検図について……………………… 153
  - 2. 検図の実例………………………… 153
- 11・7 図面の訂正・変更……………… 153

付録　機械製作図例および関連機械要素のJIS規格

- 付図1　六角ボルト・ナット 156
- 付図2　平歯車 156
- 付表1　六角ボルト・六角ナット
  （JIS B 1180） 157
- 付図3　フランジ形たわみ軸継手 158
- 付表2　フランジ形たわみ軸継手
  （JIS B 1452） 159
- 付表3　フランジ形たわみ軸継手用
  ボルト（JIS B 1452） 159
- 付図4　動力伝達装置組立図 160
- 付図5　動力伝達装置部品図 161
- 付表4　転がり軸受関係JIS規格
  抜粋 162
- 付図6　クランクシャフト製作図 163
- 〔参考〕クランクシャフト工程図
  について 164
- 付図7　クランクシャフト工程図
  （旋削①） 165
- 付図8　クランクシャフト工程図
  （旋削②） 165
- 付図9　クランクシャフト工程図
  （研削） 166
- 付図10　クランクシャフト工程図
  （フライス削り） 166

索　引

1
機械製図について

1・1　機械と製図

　この本では，書名のとおり機械製図について説明してゆくものであるが，その前に，機械ということと，製図ということを分けて考えてみよう．

1. 機械とは何なのだろうか

　現在では，小さい子供でもすでにいろいろな機械になじんでおり，われわれの周囲はさまざまな機械にとりかこまれていて，この世の中はまさに機械なしでは成り立たないといってよいくらいである．

　ところで，このように身近な"機械"も，いざ改まって"機械とはどんなものか"と問われると，意外にもうまく答えることはなかなかむずかしい．みなさんならどのように答えるであろうか．

　機械のなかで思いつくままに並べてみると，自動車はもちろん機械である．そのエンジンもまた機械である．ではまたその一部であるピストンとかクランクシャフトとかも機械といってよいのだろうか．

　もし，エンジンが機械であるのに，その一部であるピストンが機械でないとしたら，どこかにその境目があることになる．もちろん，みなさんも考えたことであろうが，ピストン1個だけでは機械としての"はたらき"がないから，これは機械の部品であって機械ではない．これが正解である．

　このように考えていくと，機械といわれるものには，何らかの"はたらき"，つまり，動く部分がなければならないことに気づく．まずこの点を手がかりにして考えを進めてみよう．

　同じように鉄骨を組立ててつくられていても，クレーンは機械であるが橋梁は機械ではなく，構造物と呼ばれる．動く部分がないからである．

また，最近ではかわいいロボットがテレビCMなどで大活躍している．このロボットを"機械"であるというのは，妥当ないい方であろうか．

　われわれだけでなく，人間は以前からこのような疑問を抱いていたらしく，フランツ・ルーロー（1829～1905：ドイツの機械工学者）は，機械について考えたあげく，つぎのような有名な定義を下している．

① 機械は，互いに運動しうるいくつかの部分からなっている．
② これらの各部分の運動は，互いに限定されたものである．
③ 各部分に力が作用したときに，こわれたり変形したりしない．
④ 与えられたエネルギーを用いて，有用な仕事を行う．

　現在では，やや古めかしいところもないではないが，機械の特徴をよくとらえた定義であるといえる．みなさんも，身のまわりの機械をこの定義に当てはめて，はたして機械であるか否かの判断を下してみてほしい．

　さて本書では，機械工学の基礎としての製図を学ぶのが目的であるから，機械の定義も上記のルーローの古典的な範囲にとどめ，これを逸脱するものは追求しないこととする．

2. 機械にはどのような種類があるか

　機械は，これをごく大ざっぱに分ければ，動力機械，作業機械，その他ということになる．

　動力機械とは文字通り動力（エネルギー）を発生する機械であり，内燃機関，モータ，タービン，水車，油圧・空圧機械などがこれに属する．

　また，**作業機械**とは動力の供給を受けてさまざまな作業を行う機械であって，その範囲ははなはだ広く，大まかにあげてみても，生産機械，運搬機械，土木機械，農業機械，印刷機械などがあるが，本書に最も関係の深いものは，生産機械のうちの工作機械である．

　工作機械は"機械をつくる機械"といわれ，文字通り機械の生みの親である．したがって機械について勉強しようとする人々は，主要な工作機械の構造や作業状態を知っておくことが大切である．本書では，なるべく機械部品の形状と工作機械（加工）との関係にもふれておいたが，機会あるごとに充分な知識を身につけるようにしてほしい．

　なお工作機械には，1・1図～1・5図に示すように，旋盤，ボール盤，フライス盤，研削盤などがあることはご承知と思うが，この"盤"というのは，加工に際して"削りくず"を出す機械，すなわち除去加工を行う機械をさしている．

したがって，同じように工作を行う機械でも，削りくずを出さないプレスや鍛造ハンマなどは，塑性加工機械といって，別扱いにされるのがふつうである．

機械には，上記のほか，計測機械，化学機械，各種ロボットなどさまざまなものがあるが，説明は省略する．

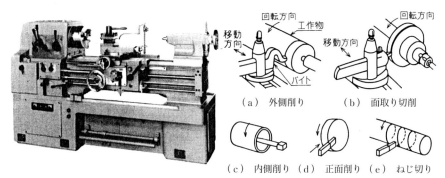

1・1図　旋盤とその加工例

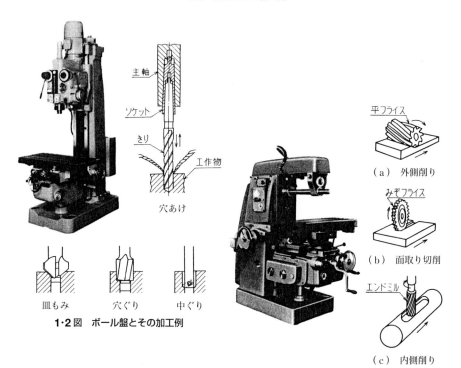

1・2図　ボール盤とその加工例

1・3図　フライス盤とその加工例

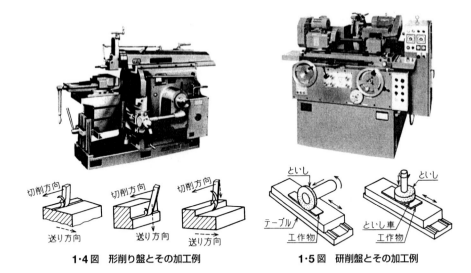

1・4図　形削り盤とその加工例　　　　1・5図　研削盤とその加工例

3. 製図とはどういうことか

さて，機械というものの概念を上記のように理解したうえで，そのような機械を"製図"するということについて考えてみよう．

機械に限らず，ある品物をつくるのに，その形や大きさを他の人に伝えようとするとき，これを言葉や文字で説明するよりも，"図面"を描いて示すのが最も便利であることは，説明の必要もないであろう．

図面といっても，品物によってはスケッチ図などでも充分間に合うかもしれないが，少なくとも工業製品，ことに機械製品となると，ごく簡単なものでも，形状や寸法のほかに，精度とか表面の状態とか，さまざまな要求がついてくるのがふつうであるから，スケッチ図でそれらの詳細を伝えることはおよそ不可能である．

そこで工業上の図面では，これらの要求があますところなく指示されていなければならないが，その指示の方法も，自分勝手では困るので，一定の規約（国家規格など）がつくられており，これに従うことになる．

このように，品物を製作するに際して必要な情報を，すべて正確に，かつ有効に描き表した図面を作成することを，**製図**という．

このようにして製図された図面は，その品物の細部にわたって必要な情報はすべて明確に示しているので，この図面を見るだけで，形状や寸法や材料はもとより，製造方法，検査方法，性能，さらに原価にいたるまで，知ることができる．

こういっただけでは，わかりにくいかもしれないが，もしみなさんの製図した図

面が工作者に渡されれば，いつ，どこでだれが加工しようとも，絶対に，正しい製品が得られるはずである．したがってもし，正しい製品が得られなかったとすれば，それは絶対に，図面に指示したとおり加工が行われなかったからだといいきれなければならないのである．このように，図面は，見る人によって異なる解釈をする余地がないように，完全，正確，明りょうに描かれていなければならない（一義性）．

また，一定の規約ということについていえば，わが国ではご承知のとおり，JIS[1]（日本工業規格）があってこれにもとづくことは当然であるが，JIS そのものは国際規格である ISO（国際標準化機構）[2]に整合するようにつくられているので，JIS にしたがって製図したみなさんの図面は，日本じゅうはおろか，世界じゅうのどの国でも，りっぱに通用することになる．

4. 主な機械図面の種類

すでに述べたように，機械は必ず，いくつかの部品を組立ててつくられている．したがって機械をつくるには，まずこれらの一つ一つの部品をつくらなければならない．このような部品をつくるために描かれる図面を，**部品図**（1·6 図）という．

つぎに，これらの数多くの部品を，つぎつぎに組立てていって機械が完成する．このような組立てた状態を示すために描かれる図面を，**組立図**という（1·7 図）．組立図では，個々の部品の寸法は必要ではないから省略され，主要部分の組立寸法，据付け位置その他が記入される．

なお，大きい機械の場合は，1 枚だけの組立図ではあまりに複雑になるので，いくつかの組立ブロックに分けて，そのブロックごとの組立図がつくられる．これを**部分組立図**という（1·8 図）．

これに対して，すべての組立状態を示す組立図を**総組立図**という．

部品図では，一般に 1 枚の用紙に 1 個の部品だけが描かれる．このようにすると図面の枚数はふえるが，部品の番号と図面の番号を共通にすることができ，図面の管理が容易になるので，会社，工場などではほとんどこの方法を用いている．この方法を**一品一葉式**という．

これに対して，1 枚の用紙に，一連のいくつかの部品を描く方法を，**多品一葉式**という．これには上記のような便はないが，用紙が節約できるので，小規模の工場あるいは学校などで用いられている．

---

[1] JIS Japanese Industrial Standards の略．
[2] ISO International Organization for Standardization の略．

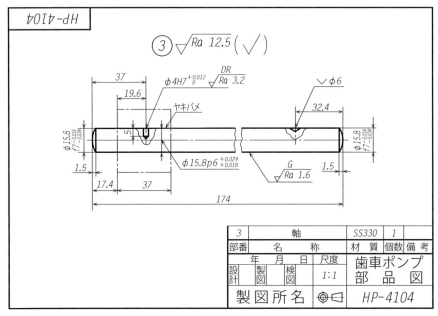

1·6図 部品図の例

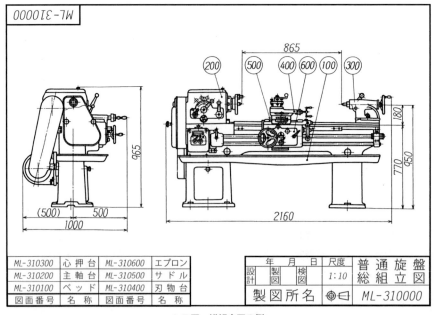

1·7図 総組立図の例

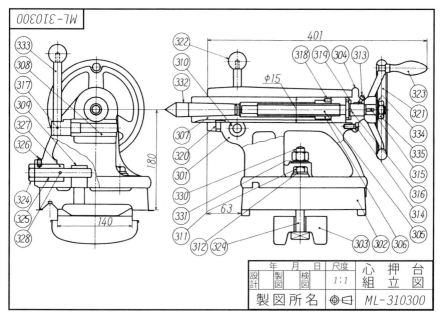

1・8図　部分組立図の例

また，一品一葉式では部品図は，組立図よりはるかに枚数が多いから，機械の図面とはいっても，その大多数は部品図であるということになる．

1・2　製図規格について

1. 製図規格の芽生え

工業上に用いる図面においては，これを見る側からいえば，できるだけていねいに精密に描かれたものを欲するのは当然であるが，逆に製図する側からいえば，複雑なところはなるべく簡略化して手間のかからない表現ですませたい．とくに工業図面は，それを用いて製品を作るという，いわば一つの手段としてつくられるものであり，製図すること自体が目的でないから，なおさらである．

そこでこのような矛盾を解決するために，だいぶ以前から，種々の便宜的な簡略図示法や慣用図示法が考案され，描く側，見る側の双方がこれを暗黙のうちに了解しあってきた．

ところがこのようなやり方は，ひとつの会社の中とか，気どころの知れあった業界などのような狭い範囲で用いられるうちはよかったが，その後，産業活動が活発

になるにしたがって，はっきりとした意志が通じにくくなり，種々の不都合が生じるようになった．とくに第一次世界大戦のさなか，どこの国の軍需工場でも図示法が不統一であったために，図面の解釈がまちまちになり，大量の不良品の発生その他の大混乱が生じた．

戦後各国においては，このような苦い経験から，それぞれの製図に関する国家規格を制定し，その図示法を統一しようとする機運が生じたのである．

2. わが国における製図規格のあゆみ

このような情勢から，わが国においても，製図規格の必要が強く認識されるに至り，昭和5年（1930）に，当時政府の規格であった日本標準規格（JES）において，製図（JES第119号）の規格が公布されたのが最初である．

この規格は，第二次世界大戦のさなかの昭和18年（1943），ドイツ規格などを参考にして改正されたが，戦後，平和産業に急転換したわが国では，それにふさわしい規格を必要とするようになり，そのころ公布された工業標準化法にもとづいて，昭和27年（1952）に，製図通則（JIS Z 8302）が制定された．この規格は，広く一般工業用製図の大綱を示したもので，ここにわが国で最初の近代的体裁をととのえた製図規格が誕生したのである．

その後，機械や建築，土木などの分野では，それぞれの特殊性を補うべく，各個の製図規格が別個に制定され，また，ねじ・ばね・歯車・転がり軸受など，ひんぱんに用いられる機械要素の略画法などが制定された．

最近に至って国際規格であるISOにおいて，製図規格改正の作業が進み，この

1・1表　わが国製図規格のあゆみ

制定年	規格略号	規格名，規格番号	備考
昭和5年（1930）	JES	製図（JES第119号）	—
昭和18年（1943）	臨JES	製図（臨JES第428号）	—
昭和27年（1952）	JIS	製図通則（JISZ8302）	1984廃止
昭和31年（1956）	JIS	ねじ製図（JIS B 0002） 歯車製図（JIS B 0003） ばね製図（JIS B 0004） ころがり軸受製図（JIS B 0005）	1982改正 1973改正 1976改正 1973改正
昭和33年（1958）	JIS	機械製図（JIS B 0001） 土木製図（通則）（JIS A 0101） 建築製図通則（JIS A 0150）	1985改正 1977改正 1978改正
昭和59年（1984）	JIS	製図総則（JIS Z 8310）ほか	1・2表参照

ほど成案を見たので,わが国においても,国際性を有する製図規格とすべく,従来の製図通則を廃止して,新しい製図規格体系にもとづいた一連の製図規格を制定するに至った.1・1表は,このような製図規格のあゆみを示したものである.

また1・2表は,製図規格のなかの主要規格を示したものである.

なお,1985年に大改正が行われた現行の JIS B 0001 **機械製図**は,1・2表に示すような多くの規格をいちいち参照しなくても,この規格ひとつだけで一般の機械製図が行えるように配慮されている.したがって本書では,主として2010年に改正されたこの規格にもとづいて,製図というもののあり方,描き方さらには読み方を解説しようと思う.

1・2表 JIS製図規格の体系

規格分類	規格番号	規格名称
総則	Z 8310	製図総則
用語	Z 8114	製図―製図用語
①基本的事項に関する規格	Z 8311 Z 8312 Z 8313-0～2, -5, -10 Z 8314 Z 8315-1～4	製図―製図用紙のサイズ及び図面の様式 製図―表示の一般原則―線の基本原則 製図―文字―第0部～第2部,第5部,第10部 製図―尺度 製図―投影法―第1部～第4部
②一般的事項に関する規格	Z 8316 Z 8317-1 Z 8318 B 0021 B 0022 B 0023 B 0024 B 0025 B 0026 B 0031	製図―図形の表し方の原則 製図―寸法及び公差の記入方法―第1部:一般原則 製品の技術文書情報(TPD)―長さ寸法及び角度寸法の許容限界の指示方法 製品の幾何特性仕様(GPS)―幾何公差表示方式―形状,姿勢,位置及び振れの公差表示方式 幾何公差のためのデータム 製図―幾何公差表示方式―最大実体公差方式及び最小実体公差方式 製図―公差表示方式の基本原則 製図―幾何公差表示方式―位置度公差方式 製図―寸法及び公差の表示方式―非剛性部品 製品の幾何特性仕様(GPS)―表面性状の図示方法
③部門別に独自な事項に関する規格	A 0101 A 0150 B 0001	土木製図 建築製図通則 機械製図
④特殊な部分,部品に関する規格	B 0002-1～3 B 0003 B 0004 B 0005-1～2 B 0041	製図―ねじ及びねじ部品―第1部～第3部 歯車製図 ばね製図 製図―転がり軸受―第1部～第2部 製図―センタ穴の簡略図示方法

3. JISの概要について

前節では，製図規格の重要性について述べたが，このような規格は，単に製図にとどまらず，工業生産上においてもきわめて重要であるので，わが国においても，広く工鉱業製品の種類，形状，寸法，材質その他に，国家が定める一定の水準を与え，それらの品質や性能を保証することとしている．これを**日本工業規格**（JIS）という．

1・3表 JISの部門記号および部門名

部門記号	部門名	部門記号	部門名
A	土木および建築	L	繊　　　　維
B	一　般　機　械	M	鉱　　　　山
C	電子機器および電　気　機　械	P	パルプおよび紙
		Q	管理システム
D	自　　動　　車	R	窯　　　　業
E	鉄　　　　道	S	日　用　品
F	船　　　　舶	T	医療安全用具
G	鉄　　　　鋼	W	航　　空
H	非　鉄　金　属	X	情　報　処　理
K	化　　　　学	Z	そ　の　他

日本工業規格は，1・3表に示すような19部門に分けられ，それぞれに部門記号が与えられている．また各部門は，内容によって細分され，4けたの数字によって表されるが，このうち最初の2けたは分類を，あとの2けたは原則として制定の順に番号が付けられている．

こんにち，広い範囲の商品に1・9図に示すJISマークを見ることができる．このマークは，その商品がJISの基準に合格していることを示すものであるとともに，わが国工業技術の水準を示しているものであるともいうことができる．

1・9図
JISマーク

2
投影法,線,尺度および文字

2·1 製図の原理

　立体である品物を,1枚の平面上に表現する最も一般的な方法は,これをスケッチ図に描くことや写真に撮影することであるが,これらではその情報の内容はきわめて限られており,その形状,構造,寸法その他の事項を正確に知ることは不可能である.

　そこで製図においては,2·1図に示すような図法幾何学にもとづく投影の原理を用いた投影法によって,図面を作成するのである.

　投影とは,原理的には,画面の前に物体を置き,これに光を当てて,画面に映じる物体の影を写しとるという方法であるが,このときの光と画面の角度や光の状態によって,2·2図に示すようないくつかの方法がある.

　このうち最も多く用いられるのは,**正投影**といって,太陽光線のような平行光線を,画面に直角に当てて投影を行う方法である.

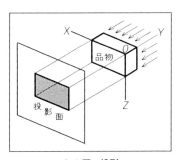

2·1図　投影

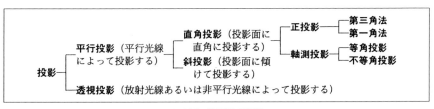

2·2図　投影法の種類

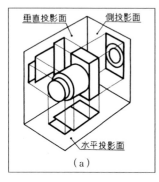

(a)

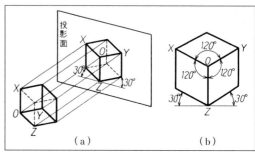

2·4図　等角投影

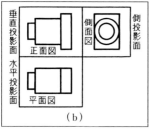

(b)

2·3図　1平面上に展開する

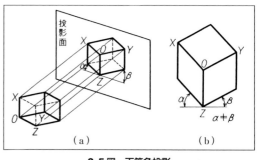

2·5図　不等角投影

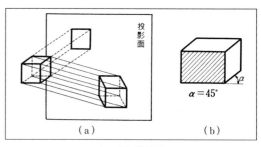

2·6図　斜投影

ただしこの方法では，1個の画面には1方向からの投影図しか得られないので，2·3図に示すように，互いに直交する何個かの画面を用意して，それぞれに直角な光線を当てて投影を行い，投影が終わったのち，それらの画面を1平面上に展開し，それぞれの投影図を互いに対応することにより立体図形を表現するという手続きをとる．この手続きは以下に述べる他の投影の方法にくらべてやや煩雑であるように思えるが，最も正確な表現に適している．

なお，1個の画面であっても，2·4図，2·5図に示すように，これに対して物体を傾けて投影を行えば物体の三面を同時に投影することができる．これを**軸測投影**といい，これには，三軸のなす角が等しい（すなわち，それぞれ120°）**等角投影**

と，それぞれ異なる角度のときの**不等角投影**がある．

なお，物体を傾けなくても，2・6図に示すように，画面に対して光線の方を傾けて投影を行うことにより，同様に複数の面を同時に投影することができる．これを**斜投影**という．

さらに，平行光線でなく，放射状の光線によって投影を行ったときは，人間の目に映じるのと同様な遠近感のある投影図が得られる．これを**透視投影**という．このように，図に遠近感をつける手法を**遠近法**といい，いくつかの方法がある．

2・2　なぜ正投影だけが用いられるのか

一般に機械部品を見ると，直線とか，平面とか，円またはその一部などの形体，すなわち幾何学的形体を有しているものがはなはだ多い．これは，このような部品を製作する工作機械そのものが，直線運動とか，平面運動とか，円運動のような幾何学的運動を行うようにつくられているので，必然的にこれらによってつくられた製品の方も，このような形体をとることが多いということになるのである．

いま，このような例として，1個の円筒状の品物（ピン）を，上記のようなさまざまな投影によって作図してみたのが2・7図である．

同図(a)の正投影では，図の数は2個必要であり，かつ，この2個の図を頭の中で組合わせて，これが円筒状のものであるということを認識することになる．しかし品物の直角部分は図においても直角であり，円も同様で，作図ならびに図形の解釈という点でここは非常に便利である．

これに反し同図(b)～(e)では，図の数はそれぞれ1個ですみ，だれにでも一目して円筒状の品物であることを理解できるという利点を有する反面，品物の直角部分は角度を有し，円はだ円になり（斜投影以外），同図(e)では平行部分までなくなってしまう．これでは，その部分が直角であるのか，円形であるのか図形では保証することができない．このような理由によって，工業上の製図では，最も厳密な表現の可能な正投影に限られている．

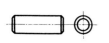

　　（b）等角投影　　（c）不等角投影　　（d）斜投影　　（e）透視投影

2・7図　さまざまな投影法

2・3　投　影　法

さて，製図において，図形を描くのに上述のいろいろな投影の方法のうち，正投影を用いるのであるが，正投影では，一般に複数の画面を用いるので，これらの画面の扱い方によって，つぎのような約束をすることにする．

いま2・8図に示すように，二つの平面を直角に交わらせると，空間が四つに仕切られる．これを図示のように，右上から左回りに，それぞれ第一角，第二角，第三角および第四角と名づける．

つぎにこれらのそれぞれの角に品物を置いて，これらに投影を行ったのち，一平面にあるようにのばすのであるが，このとき移動される方の画面は，必ず反時計回りに回転させるものと約束する．

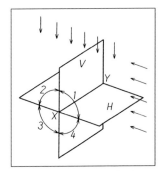

2・8図　四つの2面角
（第一角～第四角）

したがって四つの角のうち，第二角および第四角では，両画面が重なりあってしまうので投影には用いられず，もっぱら第一角および第三角だけが用いられることになる．

さて，第一角および第三角に品物を置いて投影を行ったところを2・9図および2・10図に示す．これらの投影の方法を，それぞれ**第一角法**および**第三角法**と名づけている．

ところで，これらの二つの投影法を見くらべてみると，まっすぐな方向から見た図（**正面図**という）に対し，真上から見た図（**平面図**という）は，第一角

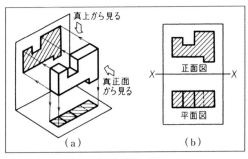

2・9図　第一角法

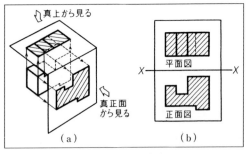

2・10図　第三角法

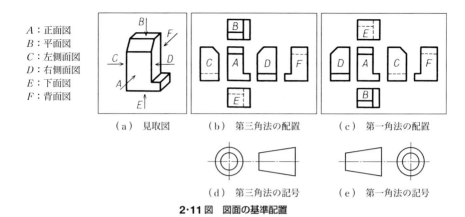

2・11図　図面の基準配置

法では下に置かれ，第三角法では上に置かれることになる．

　このような違いは，平面図だけに限らず，第一角法では，正面図を中心にして，2・11図に示すように，右から見た図（**右側面図**という）は左に，左から見た図（**左側面図**という）は右に，下から見た図（**下面図**という）は上にと，それぞれ見た方向とは反対の場所に置かれることになる．これに対して，第三角法では，同じく正面図を中心として，2・11図に示すように，上から見た図は上に，下から見た図は下に，右から見た図は右に，左から見た図は左にと，見る側にそれぞれ置かれていることがわかる．

　そこでこれらの両投影法のうち，どちらが便利かというと，すなおに見た側に図が置かれ，並んだ図相互の比較対照が容易な第三角法の方が，はるかに合理的であるといえるので，JISの機械製図規格では，**投影法は第三角法による**と定めている．

　第一角法は，ヨーロッパにはじまり，いまでもヨーロッパ各国では用いられているので，またの名をヨーロッパ式画法という．また第三角法は，その後アメリカにおいて使用され発達したので，またの名をアメリカ式画法という．

　なお，国際規格であるISOの製図規格では，これらの両画法を認めているが，説明に使用する図はすべて第一角法を用いている．

2・4　線の用法

　品物の表面は，一般に平面や曲面などの面によって囲まれており，製図の目的の一つは，このような面がそれぞれどのような形や大きさを持っているかを表すこと

にあるといえる．

　いま簡単に，2・12図のような品物の場合を考えてみよう．これはその形からVブロックといわれ，定盤（検査などに用いる鋳鋼製の平らな盤）の上で丸棒をささえたりするのに用いるものであるが，これはすべて平面でもって囲まれており，面と面の交わり部（稜：りょう）は，すべて直線となる．

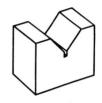

2・12図　Vブロック

　2・13図は，2・12図を第三角法によって描いたものである．図はすべて稜を示す直線だけによって描かれ，その内側の陰影その他は一切省かれている．このように，品物の外形を表す線を**外形線**といい，外形線は，連続した切れめのない線（**実線**という）を用いることになっている．

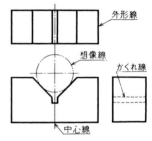

2・13図　第三角法で図示した
Vブロック

　側面図を見ると，V形溝の底部を示すための線が，**破線**（短い線をわずかのすきまを置いて並べた線）でもって引かれている．これは，見えない部分を示すための線であるから，**かくれ線**と呼ばれている．

　つぎに，正面図を見ると，図形の中心をさし貫くように，**一点鎖線**（やや長い線と，短い線を交互に並べた線）が引かれている．これは，この図形が対称図形であって，その対称中心の位置を示すものであり，これを**中心線**と呼ぶ．

　また，Vみぞの上には，これに接するように，**二点鎖線**（やや長い線と，二つの短い線を交互に並べた線）の円が描かれている．これは，Vブロックの使用法の一例を示すために，参考のために描かれたものであって，このような二点鎖線を**想像線**と呼ぶ．

　というわけで，製図には上に述べた4種類の線が用いられる（2・14図）．

2・14図　線の種類

　つぎに，こんどは平面でなく，曲面の場合はどうなるであろうか．2・15図は，どこでも見かけられる六角ボルトを示したものであるが，軸部は円筒であって，円筒においては稜のかわりに母線が表れるから，これを外形線で描くことになる．頭部の面取り部は，むずかしくいえば円すい体と平面との交わ

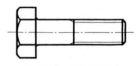

2・15図　六角ボルト

2・4 線の用法 017

2・1表　線の種類による用法

用途による名称	線の種類		線の用途
外形線	太い実線	————————	対象物の見える部分の形状を表すのに用いる．
寸法線	細い実線	————————	寸法を記入するのに用いる．
寸法補助線			寸法を記入するために図形から引き出すのに用いる．
引出線			記述・記号などを示すために引き出すのに用いる．
中心線			図形の中心線を簡略に表すのに用いる．
かくれ線	細い破線又は太い破線	― ― ― ― ― ―	対象物の見えない部分の形状を表すのに用いる．
中心線	細い一点鎖線	—・—・—・—・—	(1)　図形の中心を表すのに用いる． (2)　中心が移動した中心軌跡を表すのに用いる．
ピッチ線			繰返し図形のピッチをとる基準を表すのに用いる．
特殊指定線	太い一点鎖線	▬・▬・▬・▬	特殊な加工を施す部分など特別な要求事項を適用すべき範囲を表すのに用いる．
想像線[1]	細い二点鎖線	—・・—・・—・・—	(1)　隣接部分を参考に表すのに用いる． (2)　工具，ジグなどの位置を参考に示すのに用いる． (3)　可動部分を，移動中の特定の位置又は移動の限界の位置で表すのに用いる． (4)　加工前又は加工後の形状を表すのに用いる． (5)　繰返しを示すのに用いる． (6)　図示された断面の手前にある部分を表すのに用いる．
破断線	不規則な波形の細い実線又はジグザグ線	〜〜〜〜〜〜 —/\—/\—	対象物の一部を破った境界，又は一部を取り去った境界を表すのに用いる．
切断線	細い一点鎖線で，端部及び方向の変わる部分を太くしたもの[2]	┓┏ ━・━・━━	断面図を描く場合，その切断位置を対応する図に表すのに用いる．
ハッチング	細い実線で，規則的に並べたもの	//////	図形の限定された特定の部分を他の部分と区別するのに用いる．例えば，断面図の切り口を示す．

[1]　想像線は，投影法上では図形に現れないが，便宜上必要な形状を示すのに用いる．また，機能上・工作上の理解を助けるために，図形を補助的に示すためにも用いる．
[2]　他の用途と混用のおそれがないときは，端部及び方向の変わる部分を太くする必要はない．
〔備考〕　細線，太線及び極太線の太さの比率は，1：2：4とする．

りであり，本来は双曲線となるはずであるが，製図は簡潔をもって旨とするため，簡単な円弧で描けばよいこととしている．また，ねじ部は，さらに複雑な曲線が表れるはずであるが，後述（10章参照）するように，ねじ山形はすべて省略して，同図に示すように簡単に直線で示すこととしている．

以上が製図に用いられる線の種類とその主な用途であるが，上記の例によってもわかるように，これらの線は，太いものと細いものの二通りが用いられている．製図における線は，このように形および太さによって，さまざまな用い方がされるが，これを一覧にして示せば2・1表のようになる．

規格では細線は太線の半分の太さにするように定められている．

なお，2・1表によれば，かくれ線には細い破線と太い破線の二通りが規定されているが，一般にはあまり目立たなくするため細い破線を用いるのがよい．

線の太さは，図面の大きさおよび種類によって，つぎの寸法から選ぶのがよい．$0.13^{1)}$，$0.18^{1)}$，0.25，0.35，0.5，0.7，1，1.4 および 2 mm．

上記のほか，とくに必要がある場合には，太線よりもさらに太い極太線が用いられることもあるが，この場合の太さは，太い線の2倍の太さにすればよい．

2・5　図面のサイズおよび尺度

品物の大きさには，小さいものから大きいものまで限りがないが，製図を行う用紙サイズのほうは，むやみに大きくも小さくもできないので，一般にはJISに定められた紙の寸法のうち，2・2表に示すA列の4番から0番までのサイズのものを用いることとしている．ただし，長い品物などの製図の場合には，2・3表に示す延長サイズのものを使用すればよい．この場合，縦に長い品物でも，これを横に倒して製図を行うのがよい．

実際に製図を行うには，実物の大きさを適当に縮小したり拡大したりして，製図用紙にうまく納まるようにしなければなら

2・2表　A列サイズ
（第1優先）
（単位 mm）

呼び方	寸法 $a \times b$
A 0	841 × 1189
A 1	594 × 841
A 2	420 × 594
A 3	297 × 420
A 4	210 × 297

2・3表　特別延長サイズ
（第2優先）
（単位 mm）

呼び方	寸法 $a \times b$
A 3 × 3	420 × 891
A 3 × 4	420 × 1189
A 4 × 3	297 × 630
A 4 × 4	297 × 841
A 4 × 5	297 × 1051

[1)]複写方法によって困難が生じる場合には，この線太さは除く．

ない．このように，実物と図面に描かれた大きさの割合のことを尺度といい，実物と同じ大きさであれば現尺，縮小して描かれるときは縮尺，拡大して描かれるときは倍尺という．

JIS規格では，これらの尺度を2・4表のように定めている．

使用した尺度は，図面の表題欄に必ず記入しておくことが必要である．

2・4表 尺度（JIS B 8314）

種別	推 奨 尺 度		
倍尺	50：1	20：1	10：1
	5：1	2：1	
現尺	1：1		
縮尺	1：2	1：5	1：10
	1：20	1：50	1：100
	1：200	1：500	1：1000
	1：2000	1：5000	1：10000

2・6　文　字

1. 文字の種類

図面には，図形だけでは寸法その他の事項を端的に示すことができないので，文字を用いて必要な事項を明記することになっているが，文字は，図形と同様あるいはそれ以上に，正確でしかも読みやすく記入する必要がある．したがって金釘流も困りものであるが，流麗な筆致のくずし字も，同様に不向きである．

文字には，漢字，仮名文字，ラテン文字[1]および数字，記号が用いられる．

漢字は，常用漢字表のうちから用い，かつ画数の多

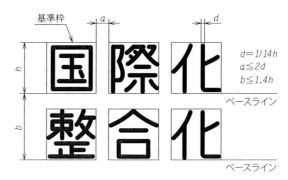

(a) 漢字（$h = 20$ mm の例）

$d = 1/14h$
$a \leq 2d$
$b \leq 1.4h$

(b) 平仮名（$h = 10$ mm の例）

(c) 片仮名（$h = 10$ mm の例）

2・16図　漢字，平仮名，片仮名の書体と基準枠

---

[1] 機械製図（JIS B 0001）では，2010年の改正時に"ローマ字"という表記を"ラテン文字"と変更している．

い（16画以上）ものは避けて，この場合には他の表現とするかあるいは仮名書きとするのがよい．

　仮名文字には，平仮名，片仮名のいずれかを用いるが，混用は避ける．ただし，平仮名の文中の外来語の片仮名表記は，混用とはみなさない．

　ラテン文字は，なるべく大文字を用いるが，記号その他必要のある場合には小文字を用いてもよい．

　なおラテン文字および数字は，右に約15°傾けた斜体を用いるのが普通であるが，立体としてもさしつかえない．

　ラテン文字，数字および記号の書体は，直立体，斜体のいずれかを用い，混用はしない．ただし，量記号は斜体，単位記号は直立体とする．

2. 文字の大きさ

　文字は，一般にその高さでその大きさが呼ばれ，2.5$^{1)}$，3.5$^{2)}$，5，7および10 mm の大きさの呼びの中から，適切なものを選んで用いればよい．

　なお上記の文字の大きさは 2・16 図に示す基準枠の高さ h の大きさで呼ばれることになっている．

　なお，仮名文字に小さく添える "や"，"ゅ" および "ょ" 〔よう（拗）音〕，つまる音を表す "っ"（促音）など，小書きにする仮名文字の大きさは，この比率において 0.7 とする．

3. 文字の書体

　文字の書体としては，太細がなく，書きやすくて読みやすい細ゴチック体を用いるのがよい．2・16図および 2・17 図にその例を示す．

2・17図　ラテン文字および数字

---

1) 漢字には適用しない．
2) 複写の方式によって適さないので，用いないのがよい．

3
図形の表し方

3・1　正面図の選び方

　前章において，製図の原理と投影法を理解したことによって，投影図からその立体形状を思い浮かべることにあまり困難を感じなくなったことと思うが，この章では逆に，自分が描いた図面が他人にあまり困難を感じさせずに理解してもらえるテクニックについて勉強してみよう．

　製図を行うに当たってまず第一に考えなければならないことは，その品物のどの面から描き始めるか，いいかえれば，その品物のどの面を**正面図**に選ぶか，ということである．

　正面図は，**主投影図**ともいい，その品物の最も代表的な面であって，この面の選び方ひとつによって，その図面がたいへんわかりやすくなったり，また逆にわかりにくくなったりすることがある．

　JIS 製図規格では，"主投影図には，対象物の形状，機能を最も明りょうに表す面を描く" と定めているが，初心者には，このような抽象的な表現では，個々の品物についてその選択を行うことはかなりむずかしいことが多い．

　そこで仮につぎのような目安を設け，これをもって品物にあてはめれば，いくらかは容易に正面図を選び出すことができよう．

①　面積の大きい面を選ぶ
②　より複雑な面を選ぶ
③　対称形でない面を選ぶ
④　丸く表れない面を選ぶ

　上記のうち，①と②とは，寸法を記入するか所が多い関係上このようなことがいえるのであるが，例外も少なくないので，③，④もあわせた総合判断できめる

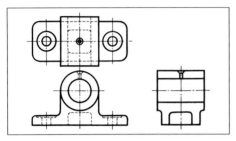

3・1図　すわりのよい正面図の選び方

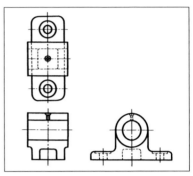

3・2図　すわりのよくない正面図の選び方

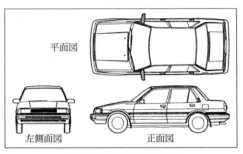

3・3図　乗り物などの正面図

のがよい．実際，機械部品には対称形のものや丸いものが非常に多いので，有効な判断のポイントとすることができる．

対称図形を正面図に選ばない理由は，それだけ図形が簡単であり，かつ後述するように，紙面と手数を節約するため，対象中心線の片側だけを描き，あとの半分を省略することがよく行われるためである（5章5・1節参照）．また丸い品物では，その直径を表す寸法に，それが丸いものであるということを示す記号（φ，6章6・4節参照）を記入しておくだけで，図形そのものを省略する場合があるからである．

したがって正面図を選ぶに当たって，上記のようなことを考慮したすえに大差が認められない場合には，そのいずれを選んでも得失はないことになるから，このような場合には，どっしりとしたすわりのよい面を選ぶことも，理解しやすい図面とするために有効である．ただし注意しなければならないことは，一般に人の体とか，自動車や航空機のような乗物では，前に進む方を正面と呼んでいるが，製図では上記の理由により，これらは側面として扱われるということである．

3・2　必要な投影図の数

さて，正面図（主投影図）の選定が終わったならば，つぎは，これに附随する投影図として，どの面を選ぶか，ということが問題になる．

すでに学んだように，品物の六つの面のうち，いくつかは同じような形となる場合が多いので，このような投影図をいくら付け加えても，それ以上わかりやすい図面になるわけではない．むしろ製図の手間を増すだけであるから，百害あって一利なしである．そのため，追加する投影図の数は，それらのうちで本当に必要であるものだけにとどめなければならない．極端な場合には，附随の図がなくても，正面図1個だけでりっぱに用がたせる場合も決して少なくはないのである．

このようなわけで，正面図だけでは不足であるかどうか，ということをまずたしかめてみて，それだけでは足りないと認められれば，ではつぎに重要な面はどれか，ということを見定めて，第二の面を追加するのである．

第二の面を追加しても，まだ足りないときにだけ，第三の面を追加する．さらに必要があれば，第四，第五の面を追加する．投影図の数は，少ない方がよいとはいっても，必要な面は必ず描いておかなければならない．しかし必要性が乏しいのに，何となく投影図の数をそろえるためにふやすということは，厳につつしむべきである．

3・4図を見ていただきたい．正面図をAと定めれば（面積は最も大きくはないがより複雑，対称図形でない，というのがその理由），Aだけでは足りないから，Dを追加する．まだこれだけでは足りないからBを追加すれば，すでに十分な図面ができ上がる．この場合，CとD，BとEはそれぞれ同じような図柄であるから，一方だけ描かれていればそれで十分である．すなわちこの品物の場合は**三面図**を描けばよいことになる．

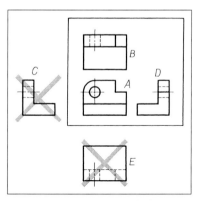

3・4図　三面図でよい場合

つぎに3・5図の場合はどうであろうか．まず正面図を描いて，これに平面図を追加すれば，すでに十分であるように思われる．こころみに右側面図を描き足してみても，たいして効果が上がるとは考えられない．したがってこの品物の場合には，**二面図**で十分である．

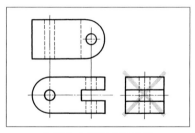

3・5図　二面図でよい場合

3・3 投影図を描くときに注意すべきこと

1. かくれ線を用いなくてもすむ面を選ぶ

品物の見えない部分を表す場合には，すでに述べたようにかくれ線（破線）が用いられるが，このかくれ線は，描きにくいうえに，こみ入ってくるとかなりわずらわしい図面になるおそれがあるので，補足の図を追加するときには，なるべくかくれ線を用いないで，実線で表せる面を選ぶのがよい．前記の3・4図の場合，D図とB図を選んだ理由は，この方がかくれ線がより少なくてすむからである．また3・6図も同様の例を示したものである．

ただし3・7図のように，長い品物などで実線で表せる面を描くと，比較対照が不便になる場合には，やむをえずかくれ線で表してもよい．

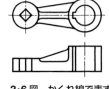

3・6図 かくれ線で表すことを避ける

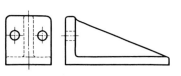

3・7図 比較対照が不便な場合にはかくれ線を用いてもやむをえない

2. 加工時の品物の向き

すでに1章において説明したように，品物は，いろいろな方法によって加工が行われるが，丸いものは主として旋盤や中ぐり盤，あるいは円筒研削盤などによって加工が行われる．また平たい部分は，形削り盤，フライス盤あるいは平削り盤などによって加工される．

そこで，製作図においては，その品物の最も加工量が多い工程における取付け方と同じ向きに図形を描いておけば，作業者にとっては都合がよいことになる．したがって丸いものでは，3・8図(a)，(b)に示すように，その回転軸が水平になるよう

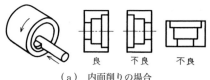

(a) 内面削りの場合

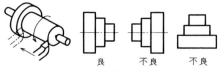

(b) 外面削りの場合

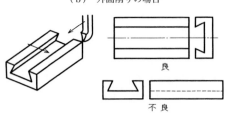

(c) 平削りの場合

3・8図 加工のときの状態を考慮する

にし，かつ刃物は右側から左側へ向けて送られるから，作業の重点が右側にあるように描くのがよい．また平らな品物では，同図(c)のように，その長手方向を水平に置き，かつ作業者が加工中その品物を眺めるときと同様に，その加工面が図の表面になるようにして描くのがよい．その他の加工方法の場合でも，これらに準じて，その加工作業状態を念頭に入れて図形の向きをきめるのがよい．

3·4　図形を描くときの補助的方法

製図では，品物の見たままの形をそのまま描くことがいわばたてまえであるが，そうかたいことをいわないでも十分な理解が得られるところは，省略したり，追加したり，回転させたりして，かなり独得な方法が用いられることが多い．

そこで製図規格では，このような方法について，つぎのように規定している．

1. 局部投影図

主投影図を描き，これに補足する投影図を追加する場合，その全体の図を描かなくても，一局部だけを描いておけばたりる場合には，その一局部だけを描いて示す．これを局部投影図という．

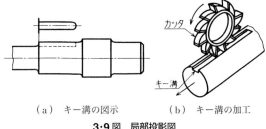

（a）キー溝の図示　　　（b）キー溝の加工

3·9図　局部投影図

3·9図は，その例を示したものである．図は軸に設けられるキー溝を図示したものであるが，そのために軸の平面図全体を描く必要はないことが理解されるであろう．規格では，このような場合，図の投影関係を示すために，図示のように両者を中心線，基準線または寸法補助線などで結んでおくことになっている．

2. 部分投影図

これは，局部投影図をやや拡大解釈した図示法といえ，したがってどの程度までが局部で，どの程度以上が部分であるかということはあまり意味がない．3·10図にその例を示す．

いずれにしても，補足の図を全部描けば，正面

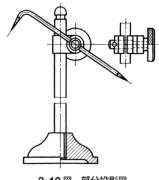

3·10図　部分投影図

図の繰返しになるような場合に，必要な部分だけを取り出して示すのに用いられる．

局部投影図や部分投影図は，図の理解度を減ずることなく，図面を描く手数やスペースを大いに節減できるので，できるだけ利用するのがよい．局部あるいは部分だけの投影ですませられるのに，全体の投影図を描くことは，製図ではしてはならないことである．

3. 補助投影図

品物によっては，投影面に対して，傾斜している部分をもつものがあるが，これをそのまま投影すると，投影図にはその部分の実形が表れないことになる．そこでこのような場合は，3・11図に示すように，その斜面に平行な投影面（補助投影面という）を用意して，これを投影してやれば，その実形を描くことができる．これを補助投影図という．

補助投影図は，このように斜面の実形を示すのが目的であるから，なるべく斜面の部分の形だけを描

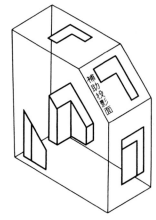

3・11図　補助投影図

くのがよい．もし，斜面以外の部分も忠実に描くと，こんどはその部分の実形が表れないことになって，手数がかかるだけでなく，かえってわかりにくい図面になるおそれがある（3・12図）．3・13図は斜面の先の部分を省略し，その境界を破断線（細いフリーハンドの線）を用いて明らかにした例である．

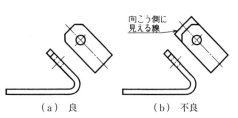

3・12図　補助投影図の向こう側に見える線は描かない

このように考えれば，補助投影図も部分投影図の一変形であることがわかる．3・14図は，曲がったアームを補助投影と部分投影を用いて表した例である．ただし上例のような破断線は，誤解の恐れのない場合には省略してもよいことに

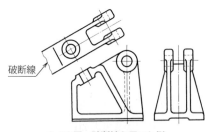

3・13図　破断線を用いた例

なっている．なお補助投影図は，上例のように，斜面に対向した位置に示すのが通常であるが，紙面の都合などでその位置に置けない場合には，適切な個所に移して

（ただし，傾斜角度はそのままの角度で）描いてもよいが，そのときには，3・15図（a）のように矢印とラテン文字の大文字を用いて，その旨を示しておくか，または同図（b）のように，中心線を折り曲げて両者を結んでおくことになっている．

4. 回転投影図

曲がったアームや，奇数の脚を持つ品物などでは，これをそのまま投影すると，その部分の実長が表れず，かつ描きにくい線となるので，このような場合には，その部分を一直線になる位置まで回転させて投影を行えば，実形で表すことができる．これを回転投影図という．3・16図はその例を示したものである．

回転投影図では，両投影図の投影関係にくい違いができるが，図の明確性が得られるので，このようなく

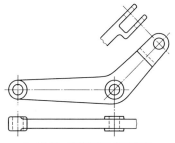
3・14図 補助投影と部分投影

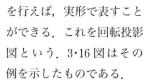
3・15図 補助投影図を対向位置に置けない場合

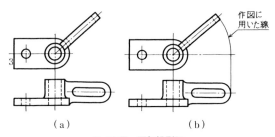
3・16図 回転投影図

い違いは無視することとしているが，見誤るおそれがある場合には，3・16図（b）のように，作図に用いた線を残してそのことを明らかにしておくのがよい．

5. 展 開 図

板金を材料とする品物では，まず平らな板金からその必要な形を切り抜いて，これを3・17図に示すようないろいろな方法で折り曲げて製品としている．したがってこのような品物の図面では，その完成した形を示すとともに，最初に板金を切り抜くときの形を示しておかなければならない．3・18図および3・19図にその例を示す．このような板金図面は，いわばその品物の仕上がる前の形を示したものであるが，出来上がった品物から見れば，これを一平面上に展開した形となるので，このような図面を**展開図**と呼んでいる．

展開図では，さまざまな方法でその曲げる前の実長を求め，その寸法によって

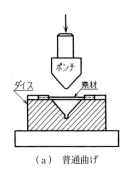 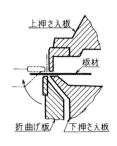 

(a) 普通曲げ　　　　(b) 折りたたみ曲げ　　　　(c) ロール曲げ

3・17図　曲げ加工の種類

描かなければならない．また展開図には，その付近の見やすいところに，"展開図"と記入しておくのがよい．いま，3・18図において，相対する斜面のこう配は等しいものとする．この台形ABFEの実線を描くには，$\overline{PM}$を台形の高さに等しくとり，$\overline{MF'}$を平面図の$\overline{AF}$に等しくとって直角三角形を描くと，斜辺$\overline{PF'}$は$\overline{AF}$の実長となる．よって展開図$A_1 B_1 F_1 E_1$の台形を描くことができる．同様に$B_1 C_1 G_1 F_1$の台形を描き，これらを交互につなげてゆけば展開図が得られる．また3・19図は，斜めに切断した円すい台の展開図の示し方を示したものである．なお展開図作成においては，これらの例のように第三角法よりも第一角法による方が便利なことが多い．

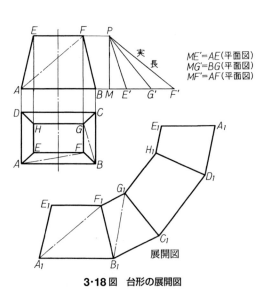

3・18図　台形の展開図

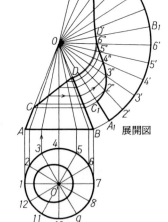

3・19図　斜めに切断した円すいの展開図

4 断面図示法

4·1 断面図について

1. 断面とは

製図においては，品物の内側の形状のようなかくれて見えない部分でも，なんらかの方法を用いて明示しておかなければならない．すでに述べたように，かくれて見えない部分を表すには，かくれ線（破線）を用いて描けばよいが，かくれ線は4·1図(b)に示すように，多用すると図がわずらわしくなって，明りょうさが失われるうえに，製図の手数もかなりかかってしまう．

そこで製図では，4·2図(c)に示すように，切断面によってその品物をまっ二つに切断したと仮定して，その切断部に現れる面によって，同図(d)のように図示することとしている．これを**断面図**という．断面図では，かくれ線を用いることなく，実線で明快に図示することができるので，製図における重要な技法の一つとなっている．

このように断面図は便利な方法ではあるが，それだけに注意すべき点が多々あるので，製図する上にも，また図面を読む上にもその技法に十分習熟しておくことが必要である．

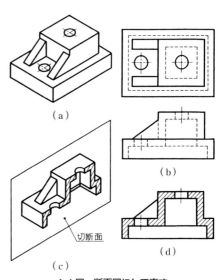

4·1図　断面図にして表す

2. 断面図の考え方

製図における断面図は，図を明快に表現するという目的のために，仮定のうえで切断するのであって，切断してみたらこうなりますよ，ということを示したものである．したがってもし4・2図(c)のように，断面図に対応する投影図を正直に半分だけの形で描き，かつ切断部も実線で示してあれば，これはもはや断面図ではなく，実際にそのような半分の形の品物を製作せよという意向と解釈されてもやむをえない．

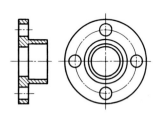  

(a) 断面　　(b) 側面（正）　　(c) 側面（誤り）　　(d) 対称図形の片側省略（正）

4・2図　断面の考え方

あとで説明するように，製図の手数やスペースを節約するために，対称形のものでは，その中心線の片側を省略して半分だけ描き示すことが多く行われるが，これは断面とは無関係なので，この場合には4・2図(d)に示すように，その中心線の両端に短い2本の平行線（これを**対称図示記号**という）を引いて，図の片側を省略したことを明らかにしておくことになっている．また断面図を，4・3図(a)のように，切断した部分だけを描いて，その先方に見える線（実線）を省略するのは誤りであり，必ず同図(b)のようにして示さなければならない．

なお断面図は，図を明快に表すことが目的であるから，4・4図(a)のように，かくれ線をこまめに入れるとかえって見づらくなり，断面図の目的に反することになる．したがって上記の実線の場合とは逆に4・4図(b)のように，図の理解の助けとならない破線は，できるだけ省略するのがよい．

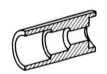   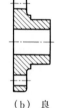

(a) 誤り　　(b) 正　　　　　　　　(a) 不良　(b) 良

4・3図　断面の向こう側に見える線　　**4・4図　必要のないかくれ線は省略する**

3. 切 断 線

断面図において，切断に用いる面を**切断面**というが，これは通常，これに対向する図面では1本の直線となって表れる．これを**切断線**という．

製図では，この切断線を表すには，細い一点鎖線を用い，その両端を太くしておくことになっている．4・5図はこれを示したものである．

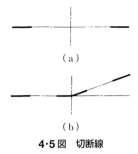

4・5図 切断線

なお，切断面は1個の平面だけでなく，必要に応じていくつかの平面，あるいは曲面を組合わせて用いてもよいことになっている．この場合には同図(b)のように両端だけでなく，その屈折する要部をも太くしておく．切断線に中心線と同じ細い一点鎖線を用いる理由は，切断は中心線上で行われることが多いので，切断線で中心線を兼ねることができるからである．

またこの場合，切断線の位置に外形線，かくれ線が重なる場合には，これらをこの順で優先させて引けばよい．

4・2　断面図の種類

品物の形状によって，さまざまな切断の方法があって，断面図を描く成否のひとつは，どのような切断の方法を選ぶかにかかっている．以下では，それらのうち主要な断面図の種類について説明する．

1. 全 断 面 図

さきの4・2図，あるいは4・6図に示すように，品物の基本中心線にそって，その全体を一つの切断面によって切断して表したものを，**全断面図**という．

基本中心線によって切断した全断面図では，切断線は見誤るおそれがないから，中心線によって代用させ，両端部を太くする必要はない．

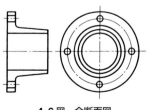

4・6図　全断面図

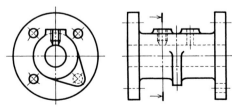

4・7図　基本中心線でないか所での切断

ただし，全断面図ではあっても，基本中心線をはずれた切断面によって切断を行うときには，4・7図のように，切断線によって切断の位置を示しておかなければならない．この場合，図示のように，断面を見る方向を示す矢印を付けておくのがよい．

2. 片側断面図

4・8図のように，中心線の片側を断面にして表し，他の片側を外形図で表したものを**片側断面図**または**半断面図**という．これは原理的には，同図(b)に示すような直交する二平面によって切断したものと考えることができる．

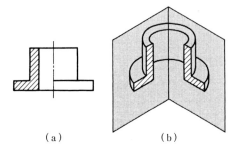

4・8図 片側断面図

片側断面図の場合も，全断面の場合と同じく，切断線は見誤るおそれはないので記入しなくてもよい．

なお片側断面図は，断面と外形を同時に示すことができるので便利であるが，簡単な形状のものでは，製図の手数をへらすために全断面図にするのがよい．

3. 部分断面図

品物のごく一部分だけを断面にして表したいときは，4・9図に示すように，その部分だけを破ったようにしてその断面を描けばよい．これを**部分断面図**または**破砕断面図**という．この場合，破ったことを表すために，図示のように**破断線**（フリーハンドの細い線）を描いておかなければならない．

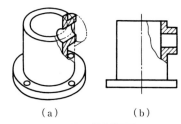

4・9図 部分断面図

4. 回転図示断面図

これは軸やアームのように長い品物，あるいはリブなどの切り口を示すときに用いるもので，これをその場所，あるいは切断線の延長上に引き出して，90度回転させて描いた断面図であるが，これにはつぎのような描き方が定められている．

(1) 中間断面法 これは4・10図(a)に示すように，長い品物の中間を破断線で破って，その中間省略を行ったと仮定して，実際よりかなり短く表してもよい．

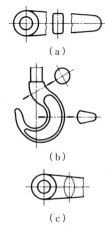

4・10図 回転図示断面図

(2) 補助断面法　これは4·10図(b)のような品物の場合に，必要な部分の切断線を延長して，その上に断面図を90°回転させて描く方法である．断面がつぎつぎに変化する品物の場合に適している．

(3) 仮想断面法　これは4·10図(c)に示すように，その図形内の切断か所に重ねて断面の形状（もしくはその一部分）を示す方法で，この場合に限り，細い実線をもって描くこととしている．この方法は，簡単な断面図形の場合に適している．

5. 組合わせによる断面図

4·8図に示した片側断面図では，直交する2個の切断面を用いたが，これを切断ののち，一平面上に展開すれば，4·11図のような断面図が得られる．これを**直角断面図**という．

切断面は，このほか必要に応じてさまざまに組み合わせ，一平面上に展開して断面図を表すことができる．4·12図～4·14図はこのような例を示したものである．このような切断を行うときには，図をわかりやすくするために，切断か所をラテン文字の大文字で表示するとともに，断面を見る方向を示す矢印をつけておくのがよい．

4·12図のように切断線が中心線に対して鋭角をなしている場合を**鋭角断面図**，4·13図のように階段状をなしている場合を**階段断面図**と呼ぶことがある．

また断面は，必要に応じて上記のような方法をいろいろに組み合わせて表してもよい．4·14図はその1例を示したものであるが，切断線には直線や曲線（円弧）が組み合わせて用いられているので，この切断線の要所要所には，矢印およびラテン文字の大文字による記号を付けて，断面を見る方向と，その切断の道すじを明らかにしておくことが必要である．

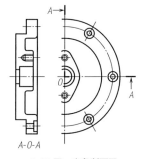

4·11図　直角断面図

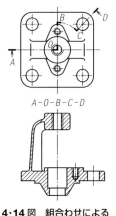

4·14図　組合わせによる断面図

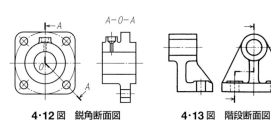

4·12図　鋭角断面図　　**4·13図**　階段断面図

6. 多数の断面図による図示

複雑な形状を有する品物の場合には,断面図はしいて1個にまとめるよりも,数個にふり分けて図示した方が理解しやすい図面となる.これはすでに述べた,部分投影や局部投影と同じ考え方であり,3章3・2節において述べた必要な投影図の数は限定する一方で,必要な投影図は必ず追加する,という考え方にもとづくものである.

4・15図にその1例を示す.この場合も矢印および記号により,断面を見る方向およびその切断のか所を明らかにしておく.

また,品物の断面が,場所によりいくつも変化する場合には,前述した回転図示断面図によるのがよいが,必要な場合には4・16図に示すように,一連の断面をその主中心線の延長上に配置してもよい.また,4・17図は多数断面をその切断線の延長上に回転図示した例である.

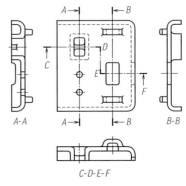

4・15図 多数の断面による図示

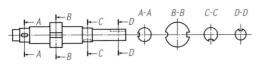

4・16図 断面図を主中心線上に配置

7. 薄物の断面図

形鋼や板状のものの断面は,4・18図(a)のように,その断面を黒く塗りつぶすか,あるいは同図(b)のように,極太線(一般に外形線の2倍の太さ)を用いて表せばよい.この場合,切り口が隣接しているときは,それらの図形の間にわずかにすきまをあけることになっている.

4・17図 多数の回転図示断面図

4・18図 薄物の断面

8. 断面図のハッチングおよびスマッジング

断面図に現れる切り口を明確に表すために,4・19図のような細い平行斜線を施すことがある.これをハッチングという.

ハッチングは非常に手数を要するので,ふつうはあまり使用しないが,必要があって施す場合には,つぎのような点に注意する.

（**1**）**ハッチングの角度**　ハッチングは，一般に45°の角度で等間隔に施し，同一部品では離れていても，同一の角度と向きで施す．

（**2**）**隣接する切り口**　異なる部品の切り口が隣りあっている場合には，線の向きまたは角度を変えるか，あるいは間隔を変えて，一見して区別できるようにする．なお切り口が広い場合には，その周辺にだけハッチングを施してもよい．また切り口に文字や記号を記入する場合には，その部分のハッチングを中断する．

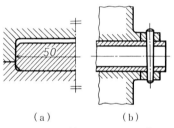

4・19図　断面図のハッチング

（**3**）**スマッジング**　ハッチングのかわりとして，4・20図に示すように，その部分または周辺を鉛筆などでうすく塗る方法が用いられることがある．これをスマッジングという．トレーシングペーパの場合では，紙面の裏から，黒または色鉛筆でうすく塗ればよい．

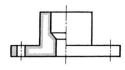

4・20図　スマッジング

ただしスマッジングは，電子複写などの場合は不明りょうになりやすいので，用いないのがよい（1999年のJIS製図規格から削除された）．

4・3　切断しないもの

組立図の中などで，たとえばボルトやナットのような品物を，切断面に含まれるからといって長手に切断すると，かえってわけがわからなくなってしまう．そこでこのような品物では，断面図においても，切断せず，外形をもって描くこととしている．

規格では4・21図に示すように，つぎのような品物では，切断して示さないこととしている．

例1．　リブ，車のアーム，歯車の歯．

例2．　ピン，ボルト，ナット，座金，小ねじ，リベット，キー，鋼球，円筒ころ．

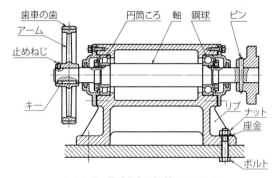

4・21図　長手方向に切断しないもの

5
特殊な図示法

 たびたび述べるように,製図においては,表現していることが明確に相手に伝わりさえすればよいので,それにふさわしいできるだけ簡略な表現を行うことが尊ばれる.したがって,いろいろな省略図示法や,慣用図示法が用いられるので,以下これらについて説明する.

5·1　省略図示法

1. 対称図形の省略

 機械部品には,中心線に対して対称の形状を有しているものが非常に多い.これはもともとその部品をつくる工作機械というものが,幾何学的な運動(回転運動,往復運動など)によって加工を行うため,つくられる品物も幾何学的な形状を有することになり,その結果,機械部品には幾何学的図形にはつきものの,対称図形がしばしば見られることになる.

 そこでこのような対称形状の品物では,製図の手数と図のスペースを節約するため,5·1図に示すように,中心線の片側だけ描き,あとの半分は省略することがよく行われる.ただしこのような場合には,その対称中心線の両側の端部に,同図に示すような2本の平行な細線を引いて,片側が省略された図形であることを示しておくことになっている.この平行細線を,**対称図示記号**という.対称中心線でない他の中心線は,対称中心線を少し越えるまで延ばしておく.この場合,対向する図に近い側を省略した方が,図の対照に便利である.

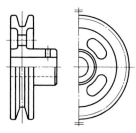

5·1図　対称図形の片側省略

5·2図

なお，5・2図に示すように，対称中心線をはさんで特殊な形状部分を有する品物では，図形を，対称中心線から少し越えた部分まで描いて，その細部形状を示しておくのがよい．このように描いた図では，対称図示記号は省略してもよいことになっている．

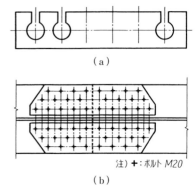

5・3図　繰返し図形の省略

2. 繰返し図形の省略

品物に，同じ形状のものが繰返し行儀よく並んでいる場合には，その要部のいくつかだけ実形を描き，他はその位置だけ示して省略するのがよい．5・3図はその例を示したものであるが，同図(b)のように，特定の交点にだけ同形のものがある場合には，省略した部分には太い十字などの図記号でその位置を示し，図記号の意味をわかりやすい位置に記述しておけばよい．

なおこの図記号は，太い十字のほか，適宜定めればよく，まぎらわしくならない限り，2種類以上の図記号を用いてもよい．また，繰返し図形が個数または寸法で別に示される場合には，図を簡略化するために個々の中心線も省略してもよいことになっている．

3. 中間部の短縮省略

丸棒，軸，形鋼などのように，同一断面を有する長い品物では，紙面を節約するため，その中間部を取り去って，短縮して示すのがよい．5・4図はその例を示したものであるが，取り去った部分は，破断線を引いて，その境界を示しておく．この場合，破断線には，同図(a)のようなフリーハンドの線，または同図(b)のように直線と千鳥を組み合わせたものの，いずれを用いてもよい．

この短縮図示法は，ラックやねじのように，同じ形状が規則正しく並んでいる品物の場合にも応用することができる．またテーパ部分にも応用できるが，この場合，5・5図(b)に示すように，誤解のおそれがなければ，実際の角度によらず，一直線に結んでもさしつかえない．

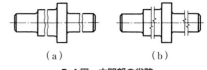

5・4図　中間部の省略

(a)　傾斜が急な場合　　(b)　傾斜が緩い場合

5・5図　テーパ部の中間部省略

4. かくれ線の省略

断面図のところで述べたように，図の理解の助けとならないかくれ線は，なるべく省略するのがよい．断面図でない場合でも同様である．

5・2　慣用図示法

1. 部分投影図の活用

正面図に対して，左右（または上下）の形状が異なる品物の場合，5・6図(b)のように，これに見える部分をまとめて全部描くと，図がかなり複雑になってしまうから，このような品物では，同図(c)のように，左右にふり分けてそれぞれの部分投影図として描くのがよい．

なお5・7図は，管フランジの部分投影図を示したものであるが，フランジ上のボルト穴は，本来ならば正面図上には実形として表れないが，この場合にはその1個だけ，回転投影させたと考えて実形としてボルト穴を図示し，反対側はその位置を示す一点鎖線を引いて示しておくのがよい．

2. 二つの面の交わり部の表示

品物の二つの面が，丸みをもって交わる場合には，本来ならば対応する図には線が表れないが，これでは実感に乏しいので，交わり部に丸みがない場合の交線の位置に，5・8図に示すように太い実線を引いておく．この場合，母材断面の丸みが大きいときは，同図(b)のように両端にすきまを設けるのがよい．

なお，補強のために設けられるリブなどは，その端部には丸みが設けられるが，一般の図示においては，

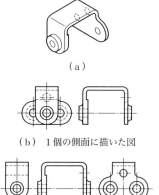

(a)

(b) 1個の側面に描いた図

(c) 左右の側面図にふり分けた図

5・6図　部分投影図の活用

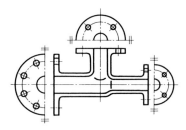

5・7図　フランジにおける穴の表し方

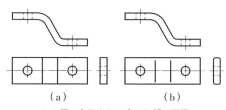

(a)　　　　　　　(b)

5・8図　丸みをもつ交わり部の図示

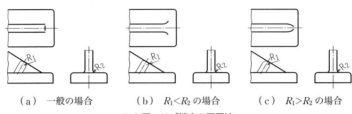

(a) 一般の場合　　(b) $R_1<R_2$ の場合　　(c) $R_1>R_2$ の場合

5・9図　リブ端末の図示法

5・9図(a)に示すようにその端末を簡単に直線のまま止めればよいが，端部とすみの丸みの半径がかなり異なっている場合には，それぞれ同図(b)あるいは(c)のように，内側または外側に曲げて止めれば実感が得られる．

3. 相貫線の表示

5・10図のように，円柱と円柱（または角柱）が交接している場合，その交接線（相貫線）は本来複雑な線になって現れるが，これらは5・10図で示したように，簡単な直線あるいは円弧で表してよい．

ただし3章において説明した展開図（27ページ参照）の場合には，実際の投影によって正確に描き表さなければならない．

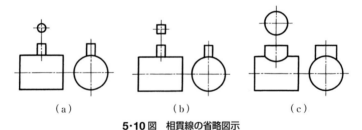

5・10図　相貫線の省略図示

4. 平面部の表示

丸い品物などの一部分が平面であるとき，これを示すには，5・11図のように，その部分に細い実線による対角線を引いておけばよい．なおこの対角線は，同図(b)のように，かくれて見えない部分でも，実線とすることになっている．

5. 想像図示

これは，図形には実際には現れないが，注意を喚起するためにあえて行う図示法で，想像線（細い二点鎖線）によって描かれ，つぎのようなものがある．

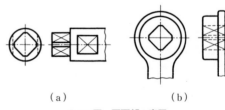

5・11図　平面部の表示

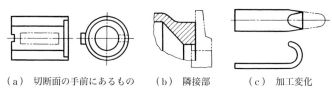

(a) 切断面の手前にあるもの　(b) 隣接部　(c) 加工変化

5・12図　想像図示

（1）　切断面の手前側にある部分の図示　切断面の手前にある部分は，本来ならば投影されないが，これを想像線を用いて5・12図(a)のように示すことができる．

（2）　隣接部の図示　その品物に隣接する部分を参考のため図示するには，想像線により5・12図(b)のように示せばよい．

（3）　運動範囲，加工変化　可動部分の運動範囲や，加工前後の形状などを示すときも，5・12図(c)のように想像線によって示すことができる．

6. 特殊な加工部分の表示

品物のある部分にだけ，特殊な加工を施すときには，5・13図に示すように，その範囲を，外形線にわずかに離して平行に引いた太い一点鎖線(17ページの2・1表参照)によって示し，かつその加工法その他の必要事項を指示しておけばよい．

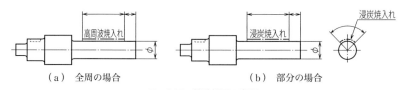

(a)　全周の場合　　　　(b)　部分の場合

5・13図　特殊加工の表示

7. 模様などの図示

ローレット，金網，しま鋼板などでは，その特長を外形の一部に5・14図の例のように描いて表示しておけばよい．

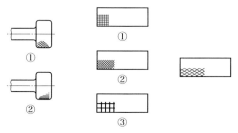

(a)　ローレット加工した部分　(b)　金網　(c)　しま鋼板

5・14図　ローレット，金網などの図示方法

5・1表　表非金属材料の表示法

材料	表示	
ガラス		
保温吸音材		
木材		
コンクリート		
液体		

また，非金属材料を特に図示する必要がある場合には，5・1表に示す模様を描いておけばよく，この表示方法は外観を示す場合にも，切り口を示す場合にも用いることができる．ただし部品図では，材質を文字によって明示しておくことが必要である．

6
寸法の記入法

　製図において，図形を描いただけでは，その大きさがわからないから，それぞれの部分に，その寸法をはっきりと記入しておかなければならない．たとえ尺度に現寸（1：1）を用い，できるだけ正確に寸法通りに図を描いたとしても，図にものさしを当てて寸法を読みとることはきわめて不正確なことになるから，必ず数字を用い，その正しい寸法を書き込んでおくことが必要である．

6・1　図面に記入する寸法

　図面に記入する寸法は，必ず，**完成品の仕上がり寸法とする**ことになっている．すなわちその部分の寸法を，これこれに仕上げよ，という指示を行うものである．
　したがってもし，途中工程での寸法を記入する必要がある場合には，その旨をはっきりと示しておかなければならない．
　また寸法は，ミリメートルの単位で記入し mm の記号は付けない．したがって1メートル50センチの場合は，1500 と記入すればよい．
　一般にけた数の大きい数字では，3けたごとにコンマで区切ることが行われるが，製図では，コンマを小数点と見誤るおそれがあるので，コンマは使用しない．また寸法数値は，けた数が多くなったときでもコンマは付けない．なお，小数点は下の点とし，数字の間を適切にあけて，その中間に大きめに書く．
　〔例〕　1200　22　320　12.00　123.25
　角度の寸法の場合には，一般に度の単位で記入し，必要に応じて分，秒を使用する．この場合，寸法数値の右肩に，それぞれ°，′，″を記入する．
　〔例〕　90°　22.5°　6°21′5″（または 6°21′05″）

6・2 寸法記入の一般形式

1. 寸法線，寸法補助線

寸法数値は，図中にじかに記入したのでは，図面が見づらくなるので，6・1図に示すように，**寸法線**および**寸法補助線**を用いて記入するのが一般である．

寸法補助線は，寸法を指示する図形の両端から，これに直角に，適切な長さまで引き出すのであるが，寸法線よりわずかに越えるところまで引くのがよい．

寸法線は，指示する長さの方向に平行に，かつ図形から適切に離して引く．すなわち寸法補助線と寸法線は直角になるように引くのである．

ただし6・2図(a)のように，何本もの寸法補助線を引き出すと，図がまぎらわしくなる場合には，同図(b)のように，その中間のものは，図形に直接寸法線を当ててもよい．

また，特殊な場合であるが，6・3図のように傾斜した図形では，寸法線に直角な寸法補助線を引いたのでは見づらいので，寸法線に適切な角度をもって引く場合がある．このときの角度はなるべく60°とするのがよく，もちろん寸法補助線は同じ方向に平行に引き出さなければならない．

角度の寸法の場合には，6・4図

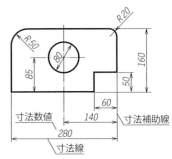

6・1図 寸法線，寸法補助線

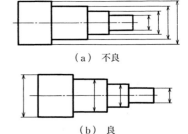

6・2図 図形に直接寸法線を当てる

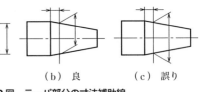

6・3図 テーパ部分の寸法補助線

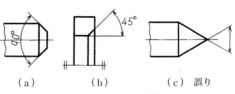

6・4図 角度の寸法線

に示すように，角度を構成する二辺，またはその延長線の交点を中心として描いた円弧を，寸法線として使用することになっている．

なお，同図(c)に示すように，直線の寸法線を直線の寸法線を使用するのは誤りである．

2. 矢　　印

寸法線の両端には，一般に6・5図のような**矢印**を付けて，その境界を明らかにしておく．この矢印は，ふつう同図(a)に示すような，約30°に開いたものを使用してい

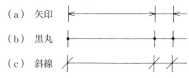

6・5図　矢印

る．これ以外のもの，たとえば塗りつぶした矢印なども使用してもさしつかえはないが，同一の図面では，同じ種類の矢印を用い，かつその大きさをそろえて記入するのがよい．なお矢印は，内側から外へ向けて記入するが，6・5図(a)の右側のように，外側から内側へはさむように記入してもよい．

また，寸法補助線の間隔が狭くて，矢印を記入する余地がない場合には，矢印のかわりとして，6・5図(b)のような**黒丸**，または同図(c)のような45°の短い**斜線**を用いてもよいことになっている．ただし同一の図面では，黒丸，斜線を混用してはならない．

JIS製図規格では，これらの矢印，黒丸および斜線を総称して，**端末記号**と呼んでいる．

6・3　寸法数値の記入法

さて，寸法数値は，上述の寸法線を用いて記入するわけであるが，寸法数値を書きやすく，かつ読みやすくするため，つぎのような原則が定められている．

1. 寸法数値の記入上の原則　(6・6図参照)

① 寸法数値は，水平方向の寸法線に対しては図面の下辺から見て読めるように，また垂直方向の寸法線に対しては，図面の右辺から見て読めるように書く．

② 寸法数値は，寸法線を中断しないで，そのほぼ中央の上側に，わずかに離して記入する．

③ 斜め方向の寸法線に対しては，上記①に準じて6・7図のように記入するか，あるいは上向き

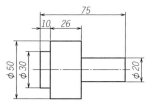

6・6図　寸法数値の向き

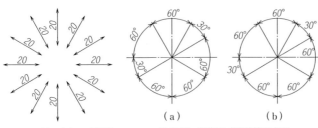

6・7図 斜め方向の寸法線　　**6・8図** 角度の寸法数値の向き

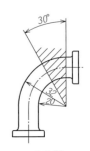

6・9図 ハッチングの範囲には寸法を記入しないほうがよい

に記入する．角度寸法の場合も同様に，6・8図(a)あるいは(b)のように記入すればよい．

④ 6・9図のハッチングで示した範囲（垂直線に対して，左上から右下に向かって約30°以下の角度をなす範囲）には，寸法数値が見誤られやすいので，なるべくこの範囲には記入することを避けるか，あるいは上向きに記入するのがよい．

2. 狭い場所への寸法記入

(1) 引出線　6・10図のように，寸法記入部分が狭くて，記入の余地がない場合には，その寸法線から，細い実線で

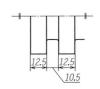

6・10図 引出線

斜めに引き出し，その端を水平に折り曲げて，その上側に寸法数値を記入すればよい．このように引き出された線を，**引出線**という．

引出線の寸法線から引き出された側の端には，図示のように，矢印も何も付けないでよいことになっている．

なお，引出線は，上記のような細部の寸法記入のほか，加工方法，注記，部品の記号などを記入する場合にも用いられるが，これらの場合には上記にかかわらず，引き出された側に，矢印または黒丸を付けることになっている．

(2) 寸法線を延長する　狭い部分の寸法線を延長して，6・11図に示すように，その外側に寸法数値を記入すればよい．

なお，この場合の矢印の向きは，図の $\phi 12.5$ のように余地のあるときには外向きに，$\phi 8$ のように余地の少ないときは内向きにするが，はっきり区別されているわけではない．

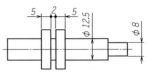

6・11図 狭い場所への寸法記入

(3) 部分拡大図を用いる　品物の一部分が図形が小さいためにその部分の詳細な図示や寸法の記入がむずかしい場合には，6・12図に示すように，その部分を細

い実線の円で囲み，その部分を別に拡大して描いて，これに寸法を記入すればよい．これを**部分拡大図**という．

部分拡大図では，両者の関係を明らかにするために，図示のAのように，ラテン文字の大

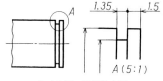

6・12図　部分拡大図

文字を記入して同じ部分であることを表示するとともに，拡大図の方には必要があれば，その用いた尺度をかっこに入れて記入する．

6・4　寸法補助記号

3章でもふれたように，丸い品物では，6・13図のように，その直径の寸法に，直径であるという記号 ϕ を付けて記入しておけば，丸く表れる方の図形を描かなくてすむ．

この ϕ のように，寸法の性質を図示しないで表すための記号を，**寸法補助記号**といい，6・1表に示すような種類がある．規格で

6・13図　直径の記号 ϕ

は，これらの記号は，それらを示す寸法数値の前に，同じ大きさで記入することになっている（円弧の記号を除く）．

1.　直径の記号 ϕ

丸いものの直径の寸法を，図に表わさないで示す場合には，ϕ（"まる"または"ふぁい"と読む）の記号を，寸法数値の前に，同じ大きさで記入しておけばよい（6・13図）．

したがって図が丸く描かれている場合には，円の直径であることが明らかであるから，6・14図(a)のように，ϕ の記号は記入しない．

6・1表　寸法補助記号

記号	意　味	呼び方
ϕ	180°をこえる円弧の直径または円の直径	"まる"または"ふぁい"
$S\phi$	180°をこえる球の円弧の直径または球の直径	"えすまる"または"えすふぁい"
□	正方形の辺	"かく"
R	半径	"あーる"
CR	コントロール半径	"しーあーる"
SR	球半径	"えすあーる"
⌒	円弧の長さ	"えんこ"
C	45°の面取り	"しー"
t	厚さ	"てぃー"
⊔	ざぐり*1 深ざぐり	"ざぐり" "ふかざぐり"
∨	皿ざぐり	"さらざぐり"
▽	穴深さ	"あなふかさ"

〔注〕*1 ざぐりは，黒皮を少し削り取るものも含む．

ただし，対称図形で図の片側を省略した場合には，同図(b)に示すように，φの記号を付け，かつ直径の寸法線を，中心線を少し越えたところまで延長し，この側には矢印を付けない．これは，後述する半径の寸法と見誤らないようにするためである．このことは，対称省略図形だけでなく，円形の一部を欠いた図形の場合にも同様である〔同図(c)〕．

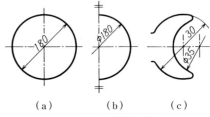

6・14図　φ記号の省略

2. 球の直径または半径の記号 $S\phi$，SR

図示された直径または半径の寸法が，球面であるときには，6・15図のように，それぞれ $S\phi$（"えすまる"または"えすふぁい"と読む）あるいは SR（"えすあーる"と読む）の記号を上記と同様に付けておく（S は sphere 略である）．これらの記号はなるべく省略しないのがよい．

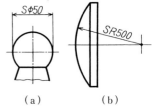

6・15図　球の記号 $S\phi$，SR

3. 正方形の記号 □

品物のある部分の断面が正方形であるとき，その形を図に表さないで，その寸法が正方形の一辺の長さであることを表す場合には，6・16図(b)のように，□（"かく"と読む）の記号を上記と同様に付けておけばよい．

ただしこの□の記号は，6・16図(c)のように，図が正方形に描かれている場合には，記入しない．これは，紙面に直角な方向〔同図(a)のlの方向〕の面が正方形であると誤解されやすいためであり，このようなときには，同図(d)のように記入するのがよい．

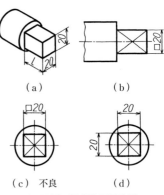

6・16図　正方形の記号 □

4. 半径の記号 R

図形の円弧の部分が 180°以内の場合には，その半径の寸法を記入するが，この場合には 6・17図(a)に示すように，R（"あーる"と読む）の記号を，寸法数値の前に，同じ大きさで記入する（R は Radius の略である）．半径を示す寸法線には，

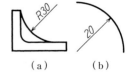

6・17図　半径の示し方

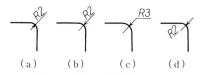

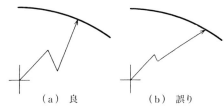

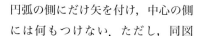
6・18図　円弧の半径が小さいとき

(a) 良　　　(b) 誤り
6・19図　円弧の半径が大きいとき

円弧の側にだけ矢を付け，中心の側には何もつけない．ただし，同図(b)に示すように，半径を示す寸法線を円弧の中心まで引いてある場合にはRの記号は省略してもよいことになっている．

この場合，とくに中心であることを示す必要があるときには，十字または黒丸をつける〔6・19図，6・15図(b)参照〕．

なお，円弧の半径が小さくて，矢印や寸法数値が記入しにくい場合には，6・18図のような方法のいずれかを用いればよい．

円弧の半径が大きい場合には，紙面を節約するために，6・19図に示すように，これを稲づま形に適当に折り曲げて，その中心を図の近くに引き寄せて示すことができる．この場合，寸法線の矢印の付いた部分は，引き寄せられた中心ではなく，正しい中心の位置に向いていなければならない．

5. コントロール半径 CR

コントロール半径とは，直線部と半径曲線部との接続部がなめらかにつながり，最大許容半径と最小許容半径との間（二つの曲面に接する公差域）に半径が存在するよう規制する半径のことである．

角（かど）の丸み，隅の丸みなどにコントロール半径を要求する場合には，半径数値の前にCR（"しーあーる"と読む）の記号を記入する（CRはcontrol radiusの略である）．

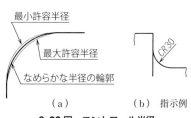

(a)　　　　　　　(b) 指示例
6・20図　コントロール半径

6. 円弧の長さの記号 ⌒

板や棒を丸く曲げてつくる品物の場合には，曲げる以前の材料の長さを示しておくことが必要であるが，このような場合には，6・21図に示すように，その円弧と同心円の寸法線を引き，かつ寸法数値の前に⌒の記号

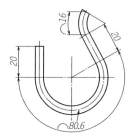

6・21図　円弧の記入法

("えんこ"と読む)を付けておけばよい.

円弧の寸法を記入する場合の寸法補助線は，一般寸法の場合と同じく，円弧の両端を結んだ線から直角に引き出すのが原則（6・21 図の ⌒16 の場合のように）であるが，円弧の中心角が大きいときなどでは，同図の ⌒80.6 のような放射状の寸法補助線を用いてもよく，この場合にはどの部分の円弧の寸法であるかを明らかにするために，図示のように，寸法数値からその円弧まで引出線を引いて当てておくことになっている．

なお円弧部分の寸法でも，6・22 図のように直線の寸法線を引いた場合には，その寸法は，円弧の長さではなく，弦の長さを表すものであるから注意しなければならない．

6・22図　弦の寸法

7. 面取りの記号 C

品物のかどの部分は，いたみやすいので一般にある角度でかどを落としておくことが多い．このように，品物のかどを落とすことを，**面取り**という．

面取りの角度は一般には 45° とすることが最も多いので，この場合には面取りの記号 C（"しー"と読む）を用いて，6・23 図のように，面取り部分に直角に当てた寸法線を用いて面取りの深さ（面取りの斜面の長さでないことに注意）を示しておけばよい（C は chamfer の略である）．

6・23図
面取りの記号 C

ただし C は，国際規格である ISO には規定されていないので，国際的に交流がある図面の場合には注意する必要がある．このような場合の面取りの図示では，6・24 図のように，寸法線または引出線を用いて，面取りの寸法 ×45° として記入するのがよい．

なお，45° 以外の面取りの場合には，6・25 図に示すような通常の寸法記入方法によって行わなければならない．

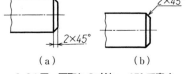

6・24図　面取りの寸法 ×45° で表す

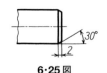

6・25図
45° 以外の面取りの場合

8. 板の厚さの記号 t

平たい板の厚さを示す場合には，もちろん図示する必要はないから，6・26 図のように，その図中あるいは図の付近に，厚さの記号 t（"てぃー"と読む）を上記と同様に記入しておけばよい（t は thickness の略である）．

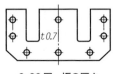

6・26図　板の厚さ

6・5　穴の表し方

穴には，いろいろのあけ方があるので，旋盤や中ぐり盤により，バイトを用いてあける穴（旋削穴）のほかは，その穴の加工方法の区別も記入しておくのが便利である．これには，6・2表に示すような加工方法の略号を用い，つぎのようにして記入することになっている．

6・2表　加工方法の簡略表示

加工方法	簡略表示
鋳　放　し	イ　ヌ　キ
プレス抜き	打　ヌ　キ
き　り　も　み	キ　　　リ
リーマ仕上げ	リ　ー　マ

1. 小径の穴の場合

一般に小径の穴は，きり（ドリル）によってあけられることが多く，さらに穴面を平滑かつ一定の寸法に仕上げるときは，リーマという工具が用いられる．これらの工具はふつう直径50 mm以下で，主としてボール盤によって作業が行われる．

さて，これらによる穴を指定する場合には，6・27図のように，引出線を引き出して，その端を水平に折り曲げ，その上に穴の直径寸法および加工方法を，6・2表の加工方法の略号（キリあるいはリーマ）を用いて記入しておけばよい．この場合，引出線の引出し方は，つぎのように行う．なお，きり穴など，丸いことが明らかな場合，直径の記号 ϕ は記入しないでよい．

（1）穴が丸く表れている場合　この場合は，引出線の矢を，6・27図(a)，(b)のように，穴の外周に当てるが，その方向は穴の中心に向かっていること．

（2）穴が丸く表れない場合　断面図などで，穴が直線で示されているときには，6・27図(c)のように，穴の中心線と外形線の交点から引出線を引き出す．

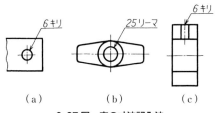

6・27図　穴の寸法記入法

（3）貫通穴でない場合　穴を貫通させないであける場合には，その深さを示しておく必要があるので，上記による穴の表示のつぎに，穴の深さを示す記号"▽"に続けて深さの数値を記入しておくことになっている．

なお貫通しない穴は，一般にきりの先端角

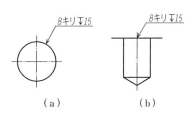

6・28図　貫通しない穴の深さの記入

度は118°であるので，近似的に120°で図示するが，上記の深さの寸法は，この円すい部分は含まないものとする．

2. 大径の穴の場合

鋳物やプレス加工品などの穴は，一般に大径のものが多いので，6・29図のように，寸法数値のつぎに，6・2表の略号（イヌキあるいは打ヌキ）を記入しておけばよい．

なお，きり穴でも大径のものはこの方法を用いてもよい．

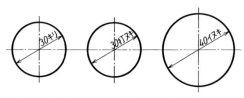

(a) きり穴 (b) 打ち抜き穴 (c) 鋳抜き穴
6・29図 大径の穴の寸法

3. ざぐり，深ざぐりおよび皿ざぐり

鋳物などにあける穴では，穴の平らな方の表面に，ボルト・ナットなどのなじみがよいように，浅く表面をさらっておくことがある．これを**ざぐり**という．ざぐりは一般にごく浅く行われるので，ざぐりの表示には6・30図のようにざぐりの直径を示す寸法の前に，ざぐりの記号⌴に続けて，ざぐりの数値を記入する．

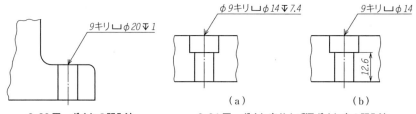

6・30図 ざぐりの記入法　　**6・31図** ざぐり穴および深ざぐり穴の記入法

ボルト・ナットなどを表面から沈めたいときは，**深ざぐり**を行うが，この場合には6・31図に示すように，ざぐり径や深さも明示しておかなければならない．なおこの深さの指定は，同図(b)に示すように，反対側の面からの距離で指定してもよい．

皿小ねじなどを植込む場合には，**皿ざぐり**が行われるが，この場合には皿もみの深さによって皿穴の大径が決まるので，深さ（工具の送り寸法）を上記に準じて記入すればよい（6・32図）．

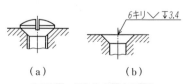

6・32図 皿もみの深さの記入

6・6　こう配およびテーパの表し方

6・33図(a)のように，四辺形の一辺だけが傾いている場合を**こう配**という．こう配は，物をかたく締めつけるときとか，斜面のように物を持ち上げる場合に使用される．

また，同図(b)のように，中心軸に対して対称に傾斜している場合を**テーパ**という．テーパはふつう平面図形でなく，この中心軸を中心として回転させたとき得られる立体図形（円すい体）として用いられる．

テーパは，洗面器の水せんやドリルの柄などのように，簡単にぴったりとはめあわせたり，とりはずしたりする場合に使用されている．こう配ならびにテーパは，前述の図に示すように，大端部と小端部の差（図の$a-b$）と，長さ（図のl）との比により，一般に$(a-b):l$のように比のかたちで表される．

製図においてこう配ならびにテーパを表示するには，つぎに説明するように，**参照線**を用いて行うことになっている．

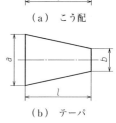

(a) こう配

(b) テーパ

6・33図　こう配とテーパ

こう配の場合は，6・34図に示すように，こう配をもつ図形の近くに水平な参照線を引き，引出線を用いて図の外形線と結び，こう配の向きを示す直角三角形の図記号をこう配の向きと一致させて描き，そのあとにこう配の比を示す数値を記入すればよい．

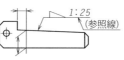

6・34図　こう配の記入法

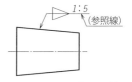

6・35図　テーパの記入法

テーパの場合もこれとほとんど同じであるが，6・35図に示すように，テーパを示す二等辺三角形の図記号は，参照線を中心として上下対称に描く．

ただし，図からこう配あるいはテーパであることが明らかな場合には，6・36図に示すように，これらの図記号は省略してもよい．

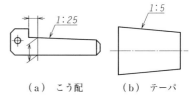

(a) こう配　　(b) テーパ

6・36図　こう配あるいはテーパであることが明らかな場合

なおテーパ値は，はめあい部品でない場合には記入してはならない．

6・7 寸法記入上の一般的な注意事項

1. 寸法線の配列

（1）隣接して連続する寸法線 寸法線が隣接して連続するときには，これを一直線上にそろえて記入するのがよい〔6・37図(a)〕．また関連する部分の寸法は，一直線上にそろえるのがよい〔6・37図(c)〕．

（2）多数の平行する寸法線 多数の寸法線を平行にいくつも並べる場合には，6・38図に示すように，各寸法線はなるべく等間隔に引き，かつ小さい寸法を内側に，大きい寸法を外側にして，寸法数値はそろえて記入するのがよい．

なお寸法線が長くて，その中央に寸法数値を記入すると，どの部分の寸法であるかわかりに

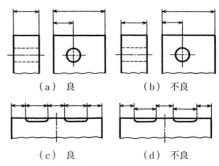
6・37図 隣接もしくは関連する寸法線は直線上にそろえて記入する

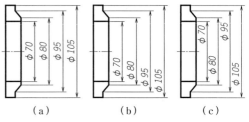
6・38図 多数の平行する寸法線

くくなる場合には，同図(b)に示すように，いずれか一方の矢印の近くに片寄せて記入するか，あるいは同図(c)に示すように，両端の矢印の近くに交互にふり分けて記入してもよい．

（3）対称省略図形の寸法線 対称図形で中心線の片側を省略して図示した図形では，対称中心線にまたがる寸法線は，6・39図(a)に示すように中心線を越えて適当に止め，この側には端末記号を付けない．なお誤解のおそ

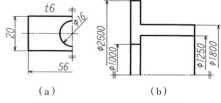
6・39図 対称省略図形の寸法記入

れがなければ同図(b)のように，寸法線は中心線を越えなくてもよい．

2. 寸法数値の記入位置

（1）寸法数値は読みやすく記入する 寸法数値は，寸法線に対して読みやすい

ような位置をえらんで記入し，図形の線や他の寸法線あるいは寸法補助線に分割されるような位置に記入したり，あるいはこれらに重なるように記入してはならない（6・40 図）．

（2）鋼構造物などの寸法表示 鋼構造物などで，構造線図を描く場合，格点（部材の重心線の交点）間の寸法を表す場合には，その寸法を6・41 図に示すように，その部材を示す線にそって直接記入すればよい．

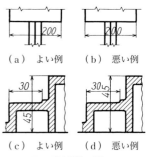

6・40 図　寸法数値は読みやすい位置に記入する

また，形鋼などで構成される図面に，その形鋼の種類，寸法を記入する場合も，6・42 図のようにそれぞれの図形に沿って記入することができる．なお 6・3 表は，形鋼の種類とその表示方法を示したものである．

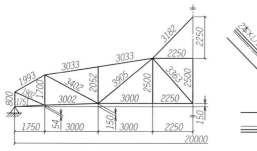

6・41 図　構造線図への寸法記入

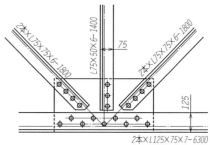

6・42 図　形鋼の種類・寸法の記入

6・3 表　形鋼の種類と寸法表示方法

種類	断面形状	表示方法	種類	断面形状	表示方法	種類	断面形状	表示方法
等辺山形鋼		$LA \times B \times t-L$	溝形鋼		$[H \times B \times t_1 \times t_2-L$	軽溝形鋼		$[H \times A \times B \times t-L$
不等辺山形鋼		$LA \times B \times t-L$	球平形鋼		$JA \times t-L$	軽Z形鋼		$]H \times A \times B \times t-L$
不等辺不等厚山形鋼		$LA \times B \times t_1 \times t_2-L$	T形鋼		$TB \times H \times t_1 \times t_2-L$	平鋼		$\square B \times A-L$
I形鋼		$IH \times B \times t-L$	H形鋼		$HH \times A \times t_1 \times t_2-L$	鋼管		$\phi A \times t-L$

3. 文字記号による寸法記入

寸法は，数字によらず，文字記号を用いて記入してもよい．6・43図はその例を示したものであるが，その文字の表している意味を，別記しておかなければならない．

4. 連続する穴の寸法記入

多くの同一寸法の穴が，等間隔で一直線あるいは同一ピッチ円上に並ぶ場合は，すでに述べたように，両端あるいは要部だけ穴を描き，残り

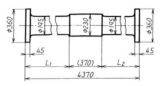

6・43図 文字記号による寸法記入

は中心線あるいは図記号で示せばよいが，これらに対する寸法の記入には，つぎのような方法が定められている．

6・44図に示すように，適当な1個の穴から引出線を引き出して，その水平部分に，穴

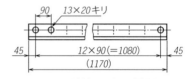

6・44図 連続する穴の寸法記入

の総数を示す数字をかき，つぎに×印をはさんで穴の寸法および加工方法を記入する．同図において13は穴の個数であり，20は穴の直径寸法である．

なお，同図において12×90（＝1080）という寸法は，ピッチ数×ピッチは1080となることを示したもので，この（＝1080）およびその下の（1170）という寸法は，いわば参考寸法であるから，かっこに入れて示すのである．規格では，このような重要ではないが，参考までに示す寸法は，かっこに入れて記入するように定めてある．

6・45図もピッチ円上に等間隔に並ぶボルト穴の記入法を示したものであるが，このボルト穴の個数は，同一か所（この場合は同一フランジ）における総数とし，他に同じ形状のものがあるときには寸法はそのうち一つにだけ記入し，他は同一寸法である旨を記入しておけばよい．

なお同図において注意すべき点は，正面図には本来穴は外形線が現れないはずであるが，規格ではこのような場合には鋭角断面を行ったと仮定し，その一方の側にだけ穴を図示し，他の側はその中心を示す一点鎖線だけを引い

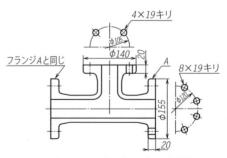

6・45図 フランジのボルト穴の寸法記入

ておけばよいことになっている.
この場合,切断線は記入を省略し
てもよい.

5. 作図線による寸法記入

互いに傾斜する二つの面に,丸
みまたは面取りが施されていると

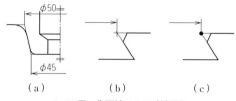

6·46図 作図線による寸法記入

き,工作上ではこれらの二つの面が交わる位置を知ることが必要であるから,このような場合には,6·46図に示すように,丸みまたは面取りがない場合に二つの面が交わる線を細い実線で表し,その交点から寸法補助線を引き出して寸法を記入すればよい.

この場合,交点をはっきり示すために,同図(b)または
(c)のように,互いの線を交差させるか,または交点に黒
丸を打っておくのがよい.

6. 円弧部分の寸法記入

円弧部分の寸法は,6·47図に示すように,
円弧の中心角が180°までは原則として半径寸
法で表し,それをこえる場合には原則として直
径の寸法で表すのがよい.ただし円弧の中心角
が180°以下であっても,6·48図のような品物
では,工作上直径の寸法を
必要とするので,このよう
な場合には直径寸法を記入
しなければならない.

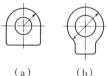

6·47図

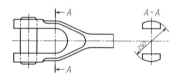

6·48図 直径寸法の必要な場合

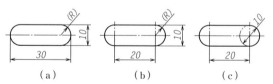

6·49図 長円の寸法記入

7. 長円の寸法記入

エンドミル加工による
キー溝など,長円の溝あるいは穴においては,円弧部分の半径は,その幅の寸法で
自然に決定するから,このような場合には,6·49図(a),(b)に示すように半径
の寸法線を引き,これに(R)と記入するだけで,寸法数値は記入しない.また同
図(c)は,その幅を直径で記入した例である.

8. 曲線の寸法記入

一般に機械部品に現れる曲線は,円弧により構成される場合が多いが,このような曲線では,6·50図に示すように,これらの円弧の半径と,その中心,または円

弧の接線の位置によって，その曲線図形の大きさを表すことができる．

なお，円弧によって表すことのできない曲線では，6·51図のように，ある一点を基準とし，垂直方向（X軸），水平方向（Y軸）に分けて，座標上に寸法を記入すればよい．同図の場合，曲線の曲率半径が小さい（いいかえればカーブの度合がつよい）部分のY軸寸法は，等分にせず，この部分でこまかくとるのがよい．

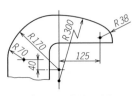

6·50図　曲線の寸法

9. 尺度によらない場合

図形の一部が，何かの都合によって，寸法に比例しないで描かれた場合には，無用の誤解をさけるために，6·52図に示すように，その寸法数値の下に，太い実線を引いておいて，その部分が尺度によらない寸法であることを明らかにしておく．

ただし図形の一部を切断省略した図などでは，このことは明らかであるから，とくに寸法に太い線を引いておく必要はない．

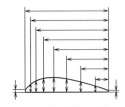

6·51図　曲線の寸法

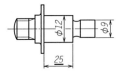

6·52図　尺度によらない寸法

6·8　寸法記入上とくに留意すべき事項

製図では，寸法記入はきわめて重要であり，こまかい注意を必要とするところが多いが，要は，いかにして手数をかけないで，相手にわかりやすく，かつ誤りのない図面を描くか，ということに尽きる．製図にはこのように，相手への思いやりが何よりも必要なのである．

前節までで，寸法記入上の一般的に注意すべき事項の説明は終えるが，図面を，より価値の高いものとするために，とくにつぎのようなことがらに留意して，適切な寸法記入を行うようにしてほしい．

なお，寸法には6·53図に示すように，その品物の

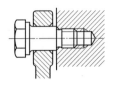

（a）設計要求

（b）肩付きボルト

（c）ねじ穴

6·53図　機能寸法（F），非機能寸法（NF）および参考寸法（AUX）

機能に直接関係する**機能寸法**と，工作上その他の便宜のために記入される**非機能寸法**とがあり，さらに，参考または補助的に記入される**参考寸法**とがある．この区別は，後述する寸法許容差指定のときに重要な意味をもつので，寸法記入に際してはとくに注意しなければならない（8章8・4節参照）．

1. 寸法はなるべく正面図に集中して記入する

正面図は，投影図の中で最も重要な図であるから，6・54図に示すように，寸法記入もできるだけこの面に集中して記入し，この図に記入できない場合にだけ，他の投影図に記入するのがよい．

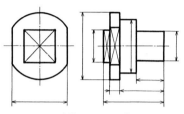

6・54図　寸法は正面図に集中させる

この場合，同図に示すように，相関連する図で双方に関係する寸法は，互いに参照に便利なように，その中間に寸法を記入するのがよい．

2. 寸法の重複記入は避ける

寸法は，必要と思われるものはすべて明りょうに記入しなければならないから，同じ寸法を他の投影図にも重複記入することは避け，図の理解に直接必要な投影図の方にだけ記入する．

3. 寸法は計算して求める必要がないよう記入する

個々の寸法だけ記入してあっても，全体の寸法の記入がなければ，作業者は材料取りの際，計算して寸法を求めなければならないが，このようなことは作業能率を低下させることになるので，作業者に計算させなければならないような寸法の記入は，決してしてはならない．

4. 不必要な寸法は記入しない

6・55図(a)において，Cの部分の寸法は，もしこれが同図(b)のように，記入してなくても，Dを定めて，A, B ととってゆけば，自然に定まるものである．このように，重要でない寸法は，記入しないか，あるいは同図(a)のように，かっこに入れて，参考寸法として示しておくのがよい．

6・55図　不必要な寸法

5. 寸法は基準部を設けて記入する

品物によっては，製作や組立の場合に，基準となる部分を設けることが多いが，このような品物では，この基準部をもとにして寸法記入を行わないと，いろいろ不

都合なことが生じるおそれがある．

6・56図は，基準部のない寸法記入法を示したもので，このような記入の方法を，**直列寸法記入法**という．このような記入法は，とくに各寸法間の狂いがあまり問題にならない場合に使用される．

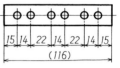
6・56図　直列寸法記入法

また6・57図は，品物の左端を基準部として寸法を記入したもので，このような記入法を**並列寸法記入法**という．この記入法では，基準部をもとに各寸法は独立しているから，個々の寸法公差が他の寸法に影響を与えることはない．

なお6・58図は，並列寸法記入法とまったく同じ意味のことを，1本の連続した寸法線で簡便に図示したもので，このような記入法を，**累進寸法記入法**という．この

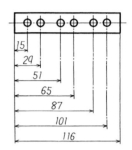
6・57図　並列寸法記入法

場合，寸法の起点の位置は，小さい白丸で示し（これを**起点記号**という），他の端は，一方向の矢印で示され，かつ寸法数値は，同図（a）のように，寸法線に並べて記入するか，または同図（b）のように，矢印の近くに，寸法線の上側にこれにそって記入するのである．

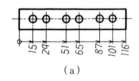
(a)

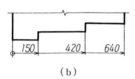
(b)

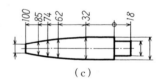
(c)

6・58図　累進寸法記入法

この累進寸法記入法で注意すべき点は，起点記号以外の端末記号は，矢印のほかは用いてはならない（黒丸や斜線は用いない）ことと，矢印は必ず起点記号から外側に向けて記入することである．したがって，同図（c）のような場合には，起点記号から両側に向かって寸法を記入することも許される．

6. 寸法は工程別に記入する

品物の寸法には，鋳物の木型をつくるときの寸法，旋盤により旋削するための寸法，あるいは穴あけのための寸法など，さまざまな工程において必要とする寸法があるので，図面では，同じ工程に必要な寸法は，できるだけ区分して寸法を記入すると，作業者にとって読みやすい図面が得られる．

6・59 図において，上側に記入された寸法は，品物の外部の寸法であり，下側に記入された寸法は，穴の深さを示すものである．これらは作業者がそれぞれ異なるので，このように区別して記入するのがよいのである．

また 6・60 図においては，フランジの穴あけだけは別の工程になるので，これは正面図に記入するよりも，ピッチ円の描かれた側にまとめて記入するほうが，作業者にとって便利となる．

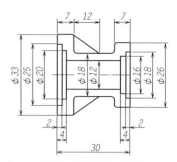

6・59 図　工程別の寸法記入

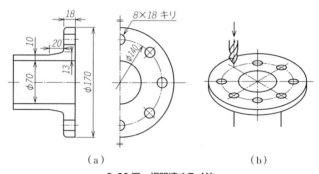

6・60 図　相関連する寸法

7
表面性状の図示法

7・1 表面性状について

　機械部品や構造部材の表面を見ると，鋳造，圧延などのままの生地の部分と，刃物などで削り取った部分があることがわかる．この場合，後者のように削り取る加工のことを，とくに**除去加工**という．

　また，除去加工の要否を問わず，その表面にはざらざらからすべすべに至るまでさまざまな凹凸の段階があることがわかる．この段階のことを，**表面粗さ**という．さらに製品の表面には，加工によってさまざまな筋目模様が印せられている．これを**筋目方向**という．このような表面の感覚のもとになる量を総称して**表面性状**と呼ぶことになった．

　近年の表面粗さ測定において，測定機のデジタル化が進んだことに伴い，工業製品の表面の多様な評価が可能となったことと，技術用語として広い意味をもち，かつ解釈のあいまい性を極力排除することを意図した規格に変貌した．特徴を一言でいうならば，"表面性状のパラメータの飛躍的拡大"ということである．

　主体になるものは**輪郭曲線パラメータ**であって，モチーフパラメータおよび負荷曲線に関連するパラメータは，主としてしゅう動面を対象とするものであり，前者を"補うものであり置き換わるものではない"とされていることと，その手法が複雑であるため，説明は省略する．

7・2 輪郭曲線，断面曲線，粗さ曲線，うねり曲線

　表面粗さの測定は，一般に触針式表面粗さ測定機を用いて行う（7・1図）．
　測定面を筋目方向に直角に触針によってなぞり，得られた**輪郭曲線**から，λs 輪

7・1図　ハイブリッド表面性状測定機（左）とその操作画面

郭曲線フィルタによって粗さ成分より短い波長成分を除去した曲線を**断面曲線**という（7・2図）．

この断面曲線には，細かい凹凸の成分と，より大きい波のうねり成分が含まれており，両者を分離するため λc 輪郭曲線フィルタ，λf 輪郭曲線フィルタによって片方を除去したものがそれぞれ粗さ曲線およびうねり曲線である．

粗さ曲線は，一般に表面の滑らかさが問題になる場合に広く用いられる．

うねり曲線は粗さ曲線よりも波長の長い波であるから，流体の漏れが問題になる表面などに使用される．

断面曲線は，漏れの他に摩耗が問題になる場合などに使用される．

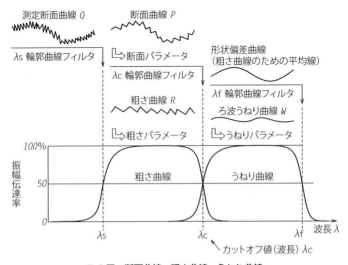

7・2図　断面曲線，粗さ曲線，うねり曲線

これらの曲線は，実際にはすべて機械によりデジタル化して記録される．ハイブリッドの表面性状測定機（7・1図）では，その輪郭性状解析機能は，平面は無論のこと半径，距離，角度など多彩な寸法測定が可能となり，表面粗さ解析機能では，1回の測定で上記のあらゆるパラメータに対応することができる．

その操作の一例をあげれば，まず対象物の輪郭曲線を測定して液晶操作画面に表示させ，そこに列挙されたパラメータのうち必要なものを選んでクリックすれば，たちどころにその数値が計算され，表示されるというものである．

また，このような大型の測定機でなくとも，小型の可搬式測定機（7・3図）でも，それなりに10数種類のパラメータに対応することができるといわれている．

7・3図　可搬式表面粗さ測定機

7・3　輪郭曲線パラメータ

1.　輪郭曲線から計算されたパラメータ

7・1表に輪郭曲線から計算されたパラメータのうち，粗さパラメータとその記号を示す．本書ではこれらのパラメータのうち，以前から広く用いられていた**算術平均粗さ** Ra，**最大高さ粗さ** Rz および**十点平均粗さ** Rz_{JIS} などのパラメータについて説明を行うこととする．実際，一般機械部品の加工表面では，これらのパラメータで指示すれば十分であるとされている．

7・1表　JIS B 0601に規定する粗さパラメータとその記号

粗さパラメータ	高さ方向のパラメータ										横方向のパラメータ	複合パラメータ	負荷曲線に関連するパラメータ		
	山および谷					高さ方向の平均									
	Rp	Rv	Rz	Rc	Rt	Rz_{JIS}	Ra	Rq	Rsk	Rku	Ra_{75}	RSm	$R\Delta q$	$Rmr(c)$	$R\delta c$	Rmr

7・2表に，これらのパラメータの説明を示す．

ただしこれらのパラメータの記号について，以下の事項が旧規格（JIS B 0601：1994）と異なっているのでとくに注意してほしい．

① 旧規格では，算術平均粗さを優遇するために，このパラメータで記入するときにはその記号を省略して単に粗さ数値だけを示せばよかったが，すべてのパラ

7・2表 輪郭曲線パラメータ（粗さ曲線）の種類と定義（JIS B 0601，附属書より）

記号	名称	説明	解析曲線
Ra	算術平均粗さ	基準長さにおける $Z(x)$ の絶対値の平均	
Rz	最大高さ粗さ	基準長さでの輪郭曲線要素の最大山高さ Rp と最大谷深さ Rv との和	
Rz_{JIS}	十点平均粗さ	粗さ曲線で最高山頂から5番目までの山高さの平均と，最深谷底から5番目までの谷深さの平均の和	

メータに**パラメータ記号**を付記することが義務づけられた．

② 旧規格では最大高さ粗さに対する記号には R_{max} や R_y などが用いられていたが，座標関係では上下を表すのに Z が用いられることになったので，Rz と改められた．

③ 旧規格では十点平均粗さは Rz で表されていたが，この粗さは ISO から外された．しかしこのパラメータは，わが国では広く普及しているために，旧規格名に z の高さに合わせた添え字 JIS を付して Rz_{JIS} として附属書の参考として残されることになった．

2. その他の用語解説

① **カットオフ値** 輪郭曲線パラメータでは，表面の凹凸の低周波部分（うねりの成分）を除くために，電気回路に高域フィルタを入れてカットしているが，その利得が50%になる周波数の波長．

② **基準長さ** 粗さ曲線からカットオフ値の長さを抜き取った部分の長さ（7・4図）．

③ **評価長さ** 最大断面高さの場合などでは，基準長さでは短かすぎて評価が十分になされないので，一つ以上の基準長さを含む長さ（一般にはその5倍とする）

を取り，これを評価長さという．

④ **平均線** 断面曲線の抜き取り部分におけるうねり曲線を直線に置き換えた線．

⑤ **抜き取り部分** 粗さ曲線からその平均線の方向に基準長さだけ抜き取った部分．

⑥ **通過帯域** 表面性状評価対象の波長域のことで，低域（通過）フィルタと高域（通過）フィルタとの組み合わせで示す．

〔例〕0.08 ― 0.8

⑦ **16％ルール** パラメータの測定値のうち，指示された要求値を越える数が16％以下であれば，この表面は要求値を満たすものとするルールであり，これを標準ルールとする．

⑧ **最大値ルール** 対象域全域で求めたパラメータのうち，一つでも指示された要求値を越えてはならないというルール．このルールに従うときには，パラメータ記号に"max"を付けなければならない．

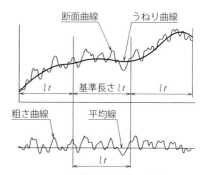

7・4図 断面曲線と粗さ曲線

7・4　表面性状の図示法

1. 表面性状の図示記号

表面性状を図示するときは，その対象となる面に，7・5図に示すような記号を，その外側から当てて示すことになっている．

同図(a)は基本図示記号を示したもので，約60°傾いた長さの異なる2本の直線で構成する．この記号は，その面の除去加工の要否を問わない場合，あるいは後述する簡略図示の場合に使用する．

同図(b)は，対象面が除去加工を必要とする場合に，記号の短いほうの線に横線を付加して示す．

また対象面が除去加工をしてはならないことを示す場合には，同図(c)のよう

(a) 基本図示記号　　(b) 除去加工をする場合　　(c) 除去加工をしない場合

7・5図 表面性状の図示記号

(a) 除去加工の有無を問わない場合　(b) 除去加工をする場合　(c) 除去加工をしない場合

7・6図　除去加工の有無による表面性状の図示記号

に，記号に内接する円を付加して示す．

これらの図示記号に表面性状の要求事項を指示する場合には，7・6図のように，記号の長い線のほうに適宜な長さの線を引き，その下に記入することになっている．

2. パラメータの標準数列

パラメータの許容限界値は，7・3表に示す数列の中から，なるべく太字で示したものを用いるのが望ましいとされている．

7・3表　各種パラメータの標準数列（JIS B 0031 附属書1より）

(a) Ra の標準数列（単位 μm）

	0.012	0.125	1.25	**12.5**	125
	0.016	0.160	**1.60**	16	160
	0.020	**0.20**	2.0	20	**200**
	0.025	0.25	2.5	25	250
	0.032	0.32	**3.2**	32	320
	0.040	**0.40**	4.0	40	**400**
	0.050	0.50	5.0	**50**	
	0.063	0.63	**6.3**	63	
0.008	0.080	**0.80**	8.0	80	
0.010	**0.100**	1.00	10.0	**100**	

(b) Rz および Rz_{JIS} の標準数列（単位 μm）

	0.125	1.25	**12.5**	125	1250
	0.160	**1.60**	16.0	160	**1600**
	0.20	2.0	20	**200**	
0.025	0.25	2.5	**25**	250	
0.032	0.32	**3.2**	32	320	
0.040	**0.40**	4.0	40	**400**	
0.050	0.50	5.0	50	500	
0.063	0.63	**6.3**	63	630	
0.080	**0.80**	8.0	80	800	
0.100	1.00	10.0	**100**	1000	

3. 表面性状の要求事項の指示位置

表面性状の図示記号に，要求事項を指示するときは，7・7図に示す位置に記入することになっている．なお図中aの位置には，必要に応じ種々の要求事項が記入される場合があるが，その大半には標準値が定められているので，それに従う場合には，パラメータ記号とその限界値だけを記入しておけばよい．ただしこの場合，記号と限界値の間隔は，ダブルスペース（二つの半角のスペース）としなければならない（7・8図）．これはこのスペースを空けないと，評価長さと誤解されるためである．

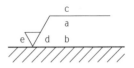

a：通過帯域または基準長さ，
　　パラメータ記号とその値
b：二つ以上のパラメータが要
　　求されたときの二つ目以降
　　のパラメータ指示
c：加工方法
d：筋目およびその方向
e：削り代

7・7図　表面性状の要求事項を指示する位置

なお，許容限界値に上限と下限が用いられることがあるが，この場合には上限値にはU，下限値にはLの文字を用い，上下2列に記入すればよい（7・9図）．

7・8図　記号と許容値の空き

7・9図　上限・下限の指示

また7・7図のdの位置には筋目方向を記入するが，これには7・4表に示す記号を用いて記入することになっている．

7・4表　筋目方向の記号

記号	=	⊥	×	M	C	R	P
意味	筋目の方向が記号を指示した図の投影面に平行	筋目の方向が記号を指示した図の投影面に直角	筋目の方向が記号を指示した図の投影面に斜めで2方向に交差	筋目の方向が多方向に交差	筋目の方向が記号を指示した面の中心に対してほぼ同心円状	筋目の方向が記号を指示した面の中心に対してほぼ放射状	筋目が粒子状のくぼみ，無方向または粒子状の突起
説明図							

4. 表面性状図示記号の記入法

(1) 一般事項 表面性状図示記号（以下，図示記号という）は，7・10図に示すように，対象面に接するように，図面の下辺または右辺から読めるように記入する．この場合，図の下側および右側にはそのまま記入できないので，同図の下，右に示すように外形線から引出した引出線を用いて記入しなければならない．

対象面が線でなく面の場合には，端末記号を矢でなく黒丸にすればよい．

(2) 外形線または引出線に指示する場合 図示記号は，外形線（またはその延長線）に接するか対象面から引出された引出線に接するように記入する（7・11図）．また同一図示記号を近接した2カ所に指示する場合には図示のように矢印を分岐して当てればよい．

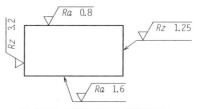

7・10図　表面性状の要求事項の向き

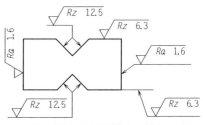

7・11図　表面を表す外形線上に指示した表面性状の要求事項

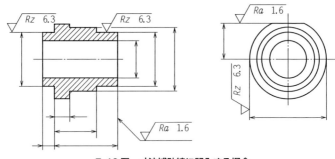

7・12図　寸法補助線に記入する場合

(3) 寸法補助線に指示する場合　図示記号は，7・12図のように，寸法補助線に接するか，寸法補助線に矢印で接する引出線に接するように指示する．

(4) 円筒表面に指示する場合　中心線によって表された円筒表面，または角柱表面（角柱の各表面が同じ表面性状である場合）では，図示記号はどちらかの片側に1回だけ指示すればよい〔7・13図(a)〕．

ただし角柱で，その各面に異なった表面性状が要求される場合には，角柱の各表面に対し，個々に指示しなければならない〔同図(b)〕．

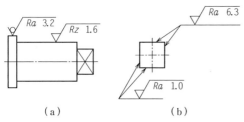

7・13図　円筒面および角柱面への記入

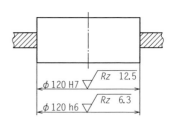

7・14図　二つ以上の寸法線に記入

(5) 寸法線に指示する場合　7・14図のように，対象面は明らかに円筒面であり，それ以外に誤った解釈のおそれがないときは，図示記号は，寸法に並べて記入してもよい．ただし，このような記入法は，円筒面以外では使用しないほうがよい．

(6) 幾何公差の公差記入枠に指示する場合　7・15図の対象面は，明らかに矢印で示された平面であることがわかる．このように誤った解釈がなされるおそれのないときには，図示記号は公差記入枠の上側に付けてもよい．

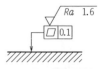

7・15図　幾何公差枠に記入

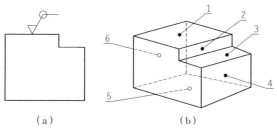

参考 図形に外形線によって表された全表面とは，部品の三次元表現〔(b)図〕で示されている6面である（正面および背面を除く）．

7·16図 部品の全周面への記入

（7） 部品一周の全周面に同じ図示記号を指示する場合 閉じた外形線によって表された部品一周の全周面に，同じ表面性状が要求される場合には，7·16図のように，図示記号に丸記号を付けておけばよい．

5. 表面性状の要求事項の簡略図示

（1） 大部分の表面が同じ図示記号の場合
部品の大部分に同じ図示記号を指示する場合には，7·17図に示すように，大部分の図示記号を，図面の表題欄の傍ら，もしくは図のそばの目立つ所に指示し，そのあとにかっこで囲んだ何も付けない基本図示記号〔7·5図(a)参照〕を記入しておく一方，部分的に異なった図示記号を，図の該当する部分に指示しておけばよい．

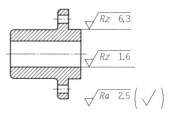

7·17図 大部分が同一の表面性状の場合

（2） 指示スペースが限られた場合
7·18図のように，図中には文字付き簡略図示記号を用いて示しておき，

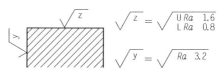

7·18図 限られたスペースへの指示

適切な箇所にやや大きめにその意味を示しておけばよい．

（3） 図示記号だけによる場合 同じ図示記号が部品の大部分で用いられる場合，対象面には簡略図示記号を用い，適切な箇所にそれぞれの意味を示しておけばよい（7·19図）．

(a) 除去加工を問わない場合　　(b) 除去加工をする場合　　(c) 除去加工をしない場合

7·19図 図示記号だけによる場合

8
寸法公差およびはめあい

8・1　寸法公差と限界ゲージ

1. 寸法公差とは

　図面の寸法は，一般にミリメートル単位で記入されている．したがって$\phi 50$と記入された軸の直径は，50 mm になるように仕上げればよい．

　ところが問題は，それが 50 mm きっかりに仕上がるかどうかである．前章で勉強したように，品物の面には必ず表面粗さが存在することはさておいても，その品物を 10 個つくれば 10 個とも，わずかながら寸法にそれぞれ差異が生じる．これは人間のやることだからということだけではなく，全自動の機械を用いて工作を行っても，程度の差こそあれ，やはり同様なのである．

　このような寸法の差異は"ばらつき"といわれ，ばらつきがある程度以内であれば，実用上問題にならない場合が多い．そこでこのようなばらつきを最初から念頭に入れ，そのばらついてもよい範囲をきめて工作を行えば，工作はずっと楽になる．

　そこで，ある寸法に対して，許容できる最大の寸法と，許容できる最小の寸法を定め，仕上がった品物が，その寸法の範囲内にありさえすれば，すべて合格ということにするのである．この，前者の寸法を**最大許容寸法**といい，後者の寸法を**最小許容寸法**という．またこれらの差，すなわち寸法の許容できる範囲の大きさを**寸法公差**という．

　したがって，寸法精度が重要な部分には，小さい寸法公差を与え，反対にあまり重要でない寸法には，大きい寸法公差を与えるようにすれば，機能を損うことなく，製造コストを大幅に引き下げることができる．JIS では，このような方式について，**寸法公差およびはめあいの方式**（JIS B 0401）として，詳細に定めている．

2. 限界ゲージについて

上述のような寸法公差の管理には，少個数の場合にはたとえばマイクロメータなどの測定具によっても行うことができるが，ある程度の個数以上となると，作業はたいへんであるから，測定ミスなども生じるおそれがある．

そこでこのような場合には，8·1図に示すような**限界ゲージ**が用いられている．

限界ゲージにはさまざまなものがあるが，最も一般的なのは，穴用のプラグゲージならびに軸用のリングゲージであって，いずれも**止まり側**と**通り側**とを有している．

軸ゲージでは，その止まり側が最小許容寸法につくられ，通り側が最大許容寸法につくられ

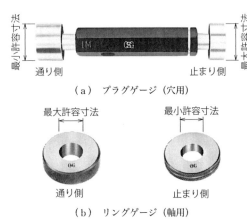

(a) プラグゲージ（穴用）

(b) リングゲージ（軸用）

8·1図 限界ゲージ

ている．したがって製品の軸が，止まり側を当てたとき通過せず，通り側において通過すれば，許容寸法の範囲内に仕上がっていることが簡単に確認できる．

穴ゲージの場合では，ちょうどその逆となるが，同様にきわめて簡単に穴の寸法の検査を行うことができる．

限界ゲージは，1785年，フランスのル・ブランという人によって発明されたといわれている．現在，われわれは，機械のある部分が傷んでも，同じ部品をとりよせてすぐさま取換えることができるが，このような性質を**互換性**という．この互換性は，現代の工業社会をささえる重要な柱であるが，これは主として限界ゲージによってもたらされたものである．

8·2 はめあい方式

1. はめあいについて

機械は，原動機からの回転を各所に伝えて機能するものが多いので，その各部分には，丸い穴と軸を組合わせたものが非常に多く見受けられる．このような，穴と軸をはめあわせた関係を，**はめあい**という．

はめあいにおいて，大きい穴に小さい軸をはめれば，8・2図(a)のように**すきま**を生じ，小さい穴に大きい軸をはめれば，同図(b)のように**しめしろ**を生じる．このすきま，あるいはしめしろを微妙に調節して必要なはめあいを得るのであるが，これらの関係はつぎの三つに分けることができる．

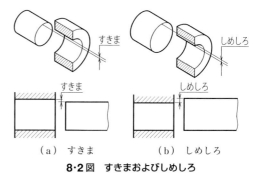

8・2図 すきまおよびしめしろ

(1) すきまばめ 穴と軸との間にすきまがあるはめあい．主として軸が穴をささえにして回転する場合などに用いる．

(2) しまりばめ 穴と軸にしめしろのあるはめあい．軸が穴にしっかりはまって，抜け出さないようにする場合に用いる．

(3) 中間ばめ 文字通り上記二つの中間のはめあいであるが，主として小さいしめしろが必要な場合に用いる．

2. 実際のすきまおよびしめしろ

実際の穴と軸では，本章の始めに述べたように，それぞれに寸法公差を許して工作されるから，それぞれをはめあわせたときに生じるすきまあるいはしめしろは，もちろん一定ではなく，その穴および軸の実際に仕上がった寸法（これを**実寸法**という）によって，さまざまに変動する．

はめあいにおいては，この実際のすきまあるいはしめしろの変動の幅を，必要な範囲内におさえることにより，必要な機能を有するはめあいを確保するものであるが，いまこれを図示してみれば，8・3図のようになる．

すなわちすきまばめの場合では同図(a)に示すように，穴が最大許容寸法でか

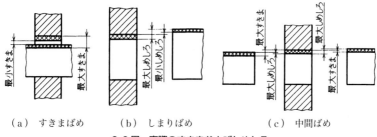

8・3図 実際のすきまおよびしめしろ

つ軸が最小許容寸法のとき，すきまは最大となり，これを**最大すきま**という．また，この反対に，穴が最小許容寸法でかつ軸が最大許容寸法のとき，すきまは最小となり，これを**最小すきま**という．したがってすきまばめの機能を管理するには，この最大すきまおよび最小すきまが必要な範囲に納まるように，穴および軸のそれぞれの最大・最小許容寸法を定めればよいことになる．

また，しまりばめの場合でも，同図(b)のように，穴が最小許容寸法でかつ軸が最大許容寸法のとき，しめしろは最大となり，これを**最大しめしろ**という．また反対に穴が最大許容寸法でかつ軸が最小許容寸法のとき，しめしろは最小になり，これを**最小しめしろ**という．なお，中間ばめの場合には，同図(c)に示すように，穴と軸の実寸法によりすきまが生じたり，あるいはしめしろが生じたりする場合があるので，この場合はやや互換性に乏しくなり，必要があれば選択組合わせを行わなければならない．

3. 基準となる穴，または軸

一口にすきまばめ，といっても，すきまのごく小さいものから，逆に大きいものまで，いろいろの段階がある．しまりばめの場合も同様であるが，あまり大きいしめしろを与えると，はめあわせたとき破損するおそれがあるため，その段階はおのずから限られている．

そこで，このような段階を定めるのに，その組合わせをできるだけ単純にするために，たとえば穴を基準として一定の大きさにしておき，これに細い軸から太い軸まで，いくつかの段階のものを用意して，これらを組合わせることにより必要なすきまあるいはしめしろを得る，というやり方が用いられている．これを**穴基準式**という．

また，軸を基準として，同じようなやり方で，必要なはめあいを得る方法を，**軸基準式**という．8・4図は，そのありさまを示したものである．

一般に，軸を加工するよりも，穴を加工する方が困難であるから，加工困難な穴を基準として，加工の楽な軸を変化させる穴基準式を用いる方が，有利な場合が多い．しかし1本の軸に，いろいろな穴部品をはめあわせるときなどは，軸基準式を用いた方が有利である．JISでは，これらの両基準式を定めている．

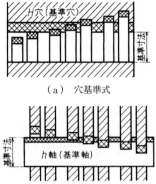

8・4図 穴基準式と軸基準式

4. 基準寸法の区分

品物の精度というものは，その寸法が大きくなるに従って低下する．したがって，同じ部品だからといって，小さい寸法にも大きい寸法にも同じ公差を与えたのでは，小さい方では精度が不足し，大きい方では過剰になる．

そこで公差を与えるときには，寸法の大きさをいくつかの段階に区分し，同じ区分の中にある寸法は，同一の寸法公差を与えることとしている．8・1表は，このような**基準寸法**の区分を示したものであるが，表中細かい区分というのは，大きいすきまあるいはしめしろを与える場合，一般の区分によったのでは，つぎの区分との値があまり違いすぎることになるため，一つの区分を二つあるいは三つに細分したものである．

なお，規格では，500 mm を超え 3150 mm 以下の基準寸法までも定めているが，はめあいには用いられないので本書では省略する．

8・1表　基準寸法の区分 (mm)

一般の区分		細かい区分	
を超え	以下	を超え	以下
—	3	—	—
3	6	—	—
6	10	—	—
10	18	10 14	14 18
18	30	18 24	24 30
30	50	30 40	40 50
50	80	50 65	65 80
80	120	80 100	100 120
120	180	120 140 160	140 160 180
180	250	180 200 225	200 225 250
250	315	250 280	280 315
315	400	315 355	355 400
400	500	400 450	450 500

5. 公差等級

品物には，いろいろな種類のものがあるので，それぞれ違った目的に用いるものに，同じ寸法だからといって，同じ公差を与えることはできない．

したがって前項の基準寸法の各区分に，それぞれの精粗に応じた公差の等級を定めている．これを**公差等級**といい，8・2表に示すように，同一の寸法区分に属し，かつ同一の公差等級の

8・2表　IT 基本公差の数値

基準寸法の区分 (mm)		公差等級				
を超え	以下	IT 5	IT 6	IT 7	IT 8	IT 9	IT 10
		基本公差の数値 (μm)					
—	3	4	6	10	14	25	40
3	6	5	8	12	18	30	48
6	10	6	9	15	22	36	58
10	18	8	11	18	27	43	70
18	30	9	13	21	33	52	84
30	50	11	16	25	39	62	100
50	80	13	19	30	46	74	120
80	120	15	22	35	54	87	140
120	180	18	25	40	63	100	160
180	250	20	29	46	72	115	185
250	315	23	32	52	81	130	210
315	400	25	36	57	89	140	230
400	500	27	40	63	97	155	250

寸法に対しては，同一の寸法公差を与えるようにしている．

なお規格では，この公差等級には，1級〜18級の18等級が定めてあるが，このうちはめあいに用いるものは，5〜10級のものであるため，本書ではその他の等級のものは省略した．

公差等級を表す場合には，その数値の前にIT（ISO toleranceの略）を付け，8・2表に示したように，IT 5，IT 6のようにして表す．

6. 公差域クラス

さて，上記のように，基本公差の数値は，**同一寸法区分，同一公差等級の場合は一定である**ので，この一定の公差の幅（これを**公差域**という）を，ある定められた寸法（これを**基準寸法**という）に対し，どの位置に置くか，いいかえれば近くに置くか遠くに置くかによって，前述の8・4図に示したような，種々のはめあいが得られることになる．

いま，8・5図によって，このことをもっとくわしく説明してみよう．

図において，**基準線**とは，穴あるいは軸の，図面に記入された寸法で，公差をもたない位置，すなわち正確な寸法位置を示している．また斜線部分は，公差域を示すものとする．

穴の場合では，同図(a)に示すように，公差域の下端が，基準線から最も上側に置かれたものを，大文字の記号Aで表し，しだいに基準線に近づくに従ってB，C…Gと定め，**Hにおいてそれが基準線に一致するものとする．**

つぎにこんどは公差域の上端が，基準線からしだいに離れるに従って，P，R…ZCと定めている．同図において，J，K，MおよびNは，上記の中間に位置するものである．

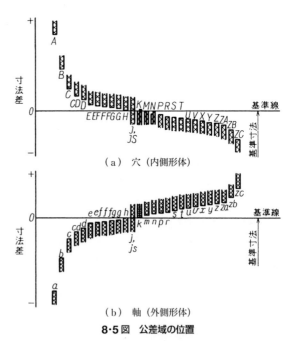

(a) 穴（内側形体）

(b) 軸（外側形体）

8・5図 公差域の位置

また，軸の場合では，同図(b)に示すように，こんどは穴の場合とは逆に，公差域の上端が，基準線より最も下側に置かれたものを，小文字の記号 a で表し，しだいに基準線に近づくに従って b, c…g と定め，h においてそれが基準線に一致するものとする．以下同様にして j, k…zc が定められている．

同図において，H および h は，それぞれ穴基準式および軸基準式の，**基準穴**および**基準軸**を示したもので，はめあいにおいては，つねに H 穴あるいは h 軸に対して，相手をえらんで組合わせることになるのである．

なお，上記の公差域の位置の記号大文字あるいは小文字に，公差等級の数値を組合わせて表示したものを，**公差域クラス**と呼んでいる．

〔公差域クラスの例〕　穴の場合　H7, S8　　軸の場合　h6, g7

7. 上の寸法許容差および下の寸法許容差

さて，上記のような公差域を表すには，いちいち最大許容寸法と最小許容寸法によって示すことはわずらわしいので，これを8・6図のように，基準寸法（図では基準線）からの距離によって示すことにしている．

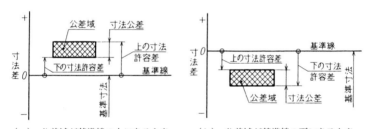

(a)　公差域が基準線の上にあるとき　　(b)　公差域が基準線の下にあるとき

8・6図　上の寸法許容差，下の寸法許容差

すなわち公差域が基準線の上にあるときは，同図(a)のように基準線から公差域の下端までを**下の寸法許容差**といい，上端までの距離を**上の寸法許容差**といって，それぞれ公差値に正の記号（＋）を付けて表す．

また，公差域が基準線の下側にあるときは，同図(b)に示すように，基準線から公差域の上端までの距離を**上の寸法許容差**，同じく下端までの距離を**下の寸法許容差**といって，それぞれの公差値に負の符号（－）を付けて表す．

すでに述べたように基準穴 H では，下の寸法許容差は基準線に合致（すなわち寸法許容差は0）し，基準軸 h では，上の寸法許容差が基準線に合致（同じく寸法許容差は0）することにする．

なお，JS穴およびjs軸では8・7図に示すように，寸法許容差は基本公差の値（ITで表す）の2分の1とし，基準線の両側に対称に振り分けられている．このような基準線にまたがって両側に公差をとる方法を，**両側公差方式**といい，この場合のように上・下の寸法許容差が等しい場合には，公差値の2分の1の数値に正負の記号（±）を付ける．

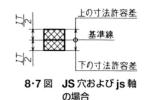

8・7図　JS穴およびjs軸の場合

8・3　多く用いられるはめあい

1. 多く用いられるはめあいの種類

上に説明したように，穴および軸には多くの種類や等級があって，本来それらのどれとどれを任意にはめあわせてもよいわけであるが，その大部分は無意味であって実用にならないので，規格では，これらのうちから実用性の高い組合わせを選んで，それらを穴基準式および軸基準式ごとに，**多く用いられるはめあい**として示されている．

8・3表および8・4表は，それぞれ穴基準および軸基準における多く用いられるはめあいの組合わせを示したものである．また8・8図および8・9図は，同じく多く用いられるはめあいにおける，公差域の相互の関係を示したものである．

2. 多く用いられるはめあいにおける寸法許容差の求め方

さて，上記のような常用するはめあいにおいて，それぞれの穴および軸に対する上下の寸法許容差や，最大・最小寸法許容差は，どのようにして求めたらよいであろうか．

いま，図面に$\phi 30$ H 7穴との$\phi 30$ f 6軸の組合わせが指定してあったとする．H 7はすでに述べたように，穴基準式における基準穴であるから，8・8図を見れば，このはめあいはすきまばめであることがわかる．ただしこの図は，基準寸法がたまたま30 mmの場合を示したものであるが，どのような基準寸法の場合でも，寸法公差の値こそは異なるが，このような関係になることは変わらない．

さてこんどは，8・5表および8・6表を見ていただきたい．これらの表は，いずれも各基準寸法の区分に対する，各公差域クラスの，上および下の寸法許容差の値を示したものである．表中の各段において，上側の数値はそれぞれ上の寸法許容差を示し，下側の数値はそれぞれ下の寸法許容差を示している．以下，これらの表の見方について説明する．

8·3表　多く用いられる穴基準はめあい

基準穴	すきまばめ							中間ばめ			しまりばめ						
H 6						g 5	h 5	js 5	k 5	m 5							
					f 6	g 6	h 6	js 6	k 6	m 6	n 6*	p 6*					
H 7					f 6	g 6	h 6	js 6	k 6	m 6	n 6	p 6*	r 6*	s 6	t 6	u 6	x 6
				e 7	f 7		h 7	js 7									
H 8					f 7		h 7										
				e 8	f 8		h 8										
			d 9	e 9													
H 9			d 8	e 8			h 8										
		c 9	d 9	e 9			h 9										
H 10	b 9	c 9	d 9														

〔注〕* これらのはめあいは，寸法の区分によっては例外を生じる．

8·4表　多く用いられる軸基準はめあい

基準軸	すきまばめ							中間ばめ			しまりばめ						
h 5							H 6	JS 6	K 6	M 6	N 6*	P 6					
h 6					F 6	G 6	H 6	JS 6	K 6	M 6	N 6	P 6*					
					F 7	G 7	H 7	JS 7	K 7	M 7	N 7	P 7*	R 7*	S 7	T 7	U 7	X 7
h 7				E 7	F 7		H 7										
					F 8		H 8										
h 8			D 8	E 8	F 8		H 8										
			D 9	E 9			H 9										
			D 8	E 8			H 8										
h 9		C 9	D 9	E 9			H 9										
	B 10	C 10	D 10														

〔注〕* これらのはめあいは，寸法の区分によっては例外を生じる．

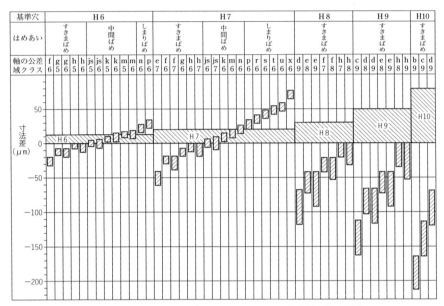

8・8図 多く用いられる穴基準はめあいにおける公差域の相互関係
(図は，基準寸法 30 mm の場合を示す)

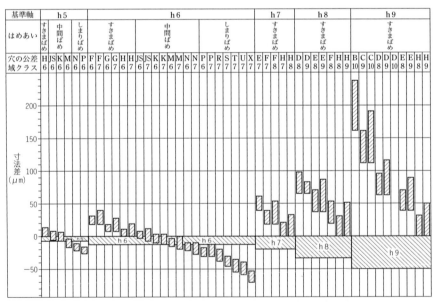

8・9図 多く用いられる軸基準はめあいにおける公差域の相互関係
(図は，基準寸法 30 mm の場合を示す)

8・3 多く用いられるはめあい

（1） 穴の寸法許容差の求め方　いま，φ55 H 7 という穴について，その最大許容寸法および最小許容寸法を求めてみよう．

8・5表において，φ55は基準寸法の区分50をこえ65以下に含まれるから，この欄を横にたどり，H 7 と合致する欄の数値を求めれば，＋30，0が得られる．ただしこれらの単位は μm であるから，これを mm に換算して求めればよい．

$$\text{穴の最大許容寸法} = \text{基準寸法} + \text{上の寸法許容差}$$
$$= 55.000 + 0.030 = \underline{55.030}\ (\text{mm})$$
$$\text{穴の最小許容寸法} = \text{基準寸法} + \text{下の寸法許容差}$$
$$= 55.000 + 0.000 = \underline{55.000}\ (\text{mm})$$

（2） 軸の寸法許容差の求め方　同様にして，φ55 g 6 を求めてみる．

8・6表から同様にして，－10，－29を得る．したがって

$$\text{軸の最大許容寸法} = \text{基準寸法} + \text{上の寸法許容差}$$
$$= 55.000 + (-0.010) = \underline{54.990}\ (\text{mm})$$
$$\text{軸の最小許容寸法} = \text{基準寸法} + \text{下の寸法許容差}$$
$$= 55.000 + (-0.029) = \underline{54.971}\ (\text{mm})$$

（3） はめあい数値の求め方　いま，上例の穴と軸をはめあわせたときに得られるすきま（あるいはしめしろ）を求めてみよう．この場合では軸の寸法の方が小さいからすきまばめとなる．

$$\text{最大すきま} = \text{穴の最大許容寸法} - \text{軸の最小許容寸法}$$
$$= 55.030 - 54.971 = 0.059\ (= \underline{59\ \mu\text{m}})$$
$$\text{最小すきま} = \text{穴の最小許容寸法} - \text{軸の最大許容寸法}$$
$$= 55.000 - 54.990 = 0.010\ (= \underline{10\ \mu\text{m}})$$

つぎに，φ55 H 7 穴はそのままとして，軸の方を p 6 として求めてみよう．8・6表から，＋51，＋32 が求められるから同様にして

$$\text{軸の最大許容寸法} = 55.000 + 0.051 = \underline{55.051}\ (\text{mm})$$
$$\text{軸の最小許容寸法} = 55.000 + 0.032 = \underline{55.032}\ (\text{mm})$$

この場合は穴の寸法よりも軸の寸法の方が大きいからしまりばめとなる．

$$\text{最小しめしろ} = \text{穴の最大許容寸法} - \text{軸の最小許容寸法}$$
$$= 55.030 - 55.032 = -0.002\ (= \underline{-2\ \mu\text{m}})$$
$$\text{最大しめしろ} = \text{穴の最小許容寸法} - \text{軸の最大許容寸法}$$
$$= 55.000 - 55.051 = -0.051\ (= \underline{-51\ \mu\text{m}})$$

この場合，符号は負（マイナス）となるが，しめしろの絶対値は変わらない．し

8・5表　多く用いられるはめあいで用いる穴の寸法許容差（単位 μm）

基準寸法の区分 (mm) を超え	以下	B10	C9	C10	D8	D9	D10	E7	E8	E9	F6	F7	F8	G6	G7	H6	H7	H8
—	3	180/140	85/60	100/60	34/20	45/20	60/20	24/14	28/14	39/14	12/6	16/6	20/6	8/2	12/2	6/0	10/0	14/0
3	6	188/140	100/70	118/70	48/30	60/30	78/30	32/20	38/20	50/20	18/10	22/10	28/10	12/4	16/4	8/0	12/0	18/0
6	10	208/150	116/80	138/80	62/40	76/40	98/40	40/25	47/25	61/25	22/13	28/13	35/13	14/5	20/5	9/0	15/0	22/0
10	14	220/150	138/95	165/95	77/50	93/50	120/50	50/32	59/32	75/32	27/16	34/16	43/16	17/6	24/6	11/0	18/0	27/0
14	18	220/150	138/95	165/95	77/50	93/50	120/50	50/32	59/32	75/32	27/16	34/16	43/16	17/6	24/6	11/0	18/0	27/0
18	24	244/160	162/110	194/110	98/65	117/65	149/65	61/40	73/40	92/40	33/20	41/20	53/20	20/7	28/7	13/0	21/0	33/0
24	30	244/160	162/110	194/110	98/65	117/65	149/65	61/40	73/40	92/40	33/20	41/20	53/20	20/7	28/7	13/0	21/0	33/0
30	40	270/170	182/120	220/120	119/80	142/80	180/80	75/50	89/50	112/50	41/25	50/25	64/25	25/9	34/9	16/0	25/0	39/0
40	50	280/180	192/130	230/130	119/80	142/80	180/80	75/50	89/50	112/50	41/25	50/25	64/25	25/9	34/9	16/0	25/0	39/0
50	65	310/190	214/140	260/140	146/100	174/100	220/100	90/60	106/60	134/60	49/30	60/30	76/30	29/10	40/10	19/0	30/0	46/0
65	80	320/200	224/150	270/150	146/100	174/100	220/100	90/60	106/60	134/60	49/30	60/30	76/30	29/10	40/10	19/0	30/0	46/0
80	100	360/220	257/170	310/170	174/120	207/120	260/120	107/72	126/72	159/72	58/36	71/36	90/36	34/12	47/12	22/0	35/0	54/0
100	120	380/240	267/180	320/180	174/120	207/120	260/120	107/72	126/72	159/72	58/36	71/36	90/36	34/12	47/12	22/0	35/0	54/0
120	140	420/260	300/200	360/200	208/145	245/145	305/145	125/85	148/85	185/85	68/43	83/43	106/43	39/14	54/14	25/0	40/0	63/0
140	160	440/280	310/210	370/210	208/145	245/145	305/145	125/85	148/85	185/85	68/43	83/43	106/43	39/14	54/14	25/0	40/0	63/0
160	180	470/310	330/230	390/230	208/145	245/145	305/145	125/85	148/85	185/85	68/43	83/43	106/43	39/14	54/14	25/0	40/0	63/0
180	200	525/340	355/240	425/240	242/170	285/170	355/170	146/100	172/100	215/100	79/50	96/50	122/50	44/15	61/15	29/0	46/0	72/0
200	225	565/380	375/260	445/260	242/170	285/170	355/170	146/100	172/100	215/100	79/50	96/50	122/50	44/15	61/15	29/0	46/0	72/0
225	250	605/420	395/280	465/280	242/170	285/170	355/170	146/100	172/100	215/100	79/50	96/50	122/50	44/15	61/15	29/0	46/0	72/0
250	280	690/480	430/300	510/300	271/190	320/190	400/190	162/110	191/110	240/110	88/56	108/56	137/56	49/17	69/17	32/0	52/0	81/0
280	315	750/540	460/330	540/330	271/190	320/190	400/190	162/110	191/110	240/110	88/56	108/56	137/56	49/17	69/17	32/0	52/0	81/0
315	355	830/600	500/360	590/360	299/210	350/210	440/210	182/125	214/125	265/125	98/62	119/62	151/62	54/18	75/18	36/0	57/0	89/0
355	400	910/680	540/400	630/400	299/210	350/210	440/210	182/125	214/125	265/125	98/62	119/62	151/62	54/18	75/18	36/0	57/0	89/0
400	450	1010/760	595/440	690/440	327/230	385/230	480/230	198/135	232/135	290/135	108/68	131/68	165/68	60/20	83/20	40/0	63/0	97/0
450	500	1090/840	635/480	730/480	327/230	385/230	480/230	198/135	232/135	290/135	108/68	131/68	165/68	60/20	83/20	40/0	63/0	97/0

〔備考〕表中の各段で，上側の数値は上の寸法許容差，下側の数値は下の寸法許容差を示す．

8・3 多く用いられるはめあい

穴の公差域クラス

H9 (+)	H10 (+)	JS6 (±)	JS7 (±)	K6 (+/−)	K7 (+/−)	M6 (−)	M7 (−)	N6 (−)	N7 (−)	P6 (−)	P7 (−)	R7 (−)	S7 (−)	T7 (−)	U7 (−)	X7 (−)	を超え	以下
25 / 0	40 / 0	3	5	0 / 6	0 / 10	2 / 8	2 / 12	4 / 10	4 / 14	6 / 12	6 / 16	10 / 20	14 / 24	—	18 / 28	20 / 30	—	3
30 / 0	48 / 0	4	6	2 / 6	3 / 9	1 / 9	0 / 12	5 / 13	4 / 16	9 / 17	8 / 20	11 / 23	15 / 27	—	19 / 31	24 / 36	3	6
36 / 0	58 / 0	4.5	7.5	2 / 7	5 / 10	3 / 12	0 / 15	7 / 16	4 / 19	12 / 21	9 / 24	13 / 28	17 / 32	—	22 / 37	28 / 43	6	10
43 / 0	70 / 0	5.5	9	2 / 9	6 / 12	4 / 15	0 / 18	9 / 20	5 / 23	15 / 26	11 / 29	16 / 34	21 / 39	—	26 / 44	33 / 51	10	14
43 / 0	70 / 0	5.5	9	2 / 9	6 / 12	4 / 15	0 / 18	9 / 20	5 / 23	15 / 26	11 / 29	16 / 34	21 / 39	—	26 / 44	38 / 56	14	18
52 / 0	84 / 0	6.5	10.5	2 / 11	6 / 15	4 / 17	0 / 21	11 / 24	7 / 28	18 / 31	14 / 35	20 / 41	27 / 48	—	33 / 54	46 / 67	18	24
52 / 0	84 / 0	6.5	10.5	2 / 11	6 / 15	4 / 17	0 / 21	11 / 24	7 / 28	18 / 31	14 / 35	20 / 41	27 / 48	33 / 54	40 / 61	56 / 77	24	30
62 / 0	100 / 0	8	12.5	3 / 13	7 / 18	4 / 20	0 / 25	12 / 28	8 / 33	21 / 37	17 / 42	25 / 50	34 / 59	39 / 64	51 / 76	71 / 96	30	40
62 / 0	100 / 0	8	12.5	3 / 13	7 / 18	4 / 20	0 / 25	12 / 28	8 / 33	21 / 37	17 / 42	25 / 50	34 / 59	45 / 70	61 / 86	88 / 113	40	50
74 / 0	120 / 0	9.5	15	4 / 15	9 / 21	5 / 24	0 / 30	14 / 33	9 / 39	26 / 45	21 / 51	30 / 60	42 / 72	55 / 85	76 / 106	111 / 141	50	65
74 / 0	120 / 0	9.5	15	4 / 15	9 / 21	5 / 24	0 / 30	14 / 33	9 / 39	26 / 45	21 / 51	32 / 62	48 / 78	64 / 94	91 / 121	135 / 165	65	80
87 / 0	140 / 0	11	17.5	4 / 18	10 / 25	6 / 28	0 / 35	16 / 38	10 / 45	30 / 52	24 / 59	38 / 73	58 / 93	78 / 113	111 / 146	165 / 200	80	100
87 / 0	140 / 0	11	17.5	4 / 18	10 / 25	6 / 28	0 / 35	16 / 38	10 / 45	30 / 52	24 / 59	41 / 76	66 / 101	91 / 126	131 / 166	197 / 232	100	120
100 / 0	160 / 0	12.5	20	4 / 21	12 / 28	8 / 33	0 / 40	20 / 45	12 / 52	36 / 61	28 / 68	48 / 88	77 / 117	107 / 147	155 / 195	233 / 273	120	140
100 / 0	160 / 0	12.5	20	4 / 21	12 / 28	8 / 33	0 / 40	20 / 45	12 / 52	36 / 61	28 / 68	50 / 90	85 / 125	119 / 159	175 / 215	265 / 305	140	160
100 / 0	160 / 0	12.5	20	4 / 21	12 / 28	8 / 33	0 / 40	20 / 45	12 / 52	36 / 61	28 / 68	53 / 93	93 / 133	131 / 171	195 / 235	295 / 335	160	180
115 / 0	185 / 0	14.5	23	5 / 24	13 / 33	8 / 37	0 / 46	22 / 51	14 / 60	41 / 70	33 / 79	60 / 106	105 / 151	149 / 195	219 / 265	333 / 379	180	200
115 / 0	185 / 0	14.5	23	5 / 24	13 / 33	8 / 37	0 / 46	22 / 51	14 / 60	41 / 70	33 / 79	63 / 109	113 / 159	163 / 209	241 / 287	368 / 414	200	225
115 / 0	185 / 0	14.5	23	5 / 24	13 / 33	8 / 37	0 / 46	22 / 51	14 / 60	41 / 70	33 / 79	67 / 113	123 / 169	179 / 225	267 / 313	408 / 454	225	250
130 / 0	210 / 0	16	26	5 / 27	16 / 36	9 / 41	0 / 52	25 / 57	14 / 66	47 / 79	36 / 88	74 / 126	138 / 190	198 / 250	295 / 347	455 / 507	250	280
130 / 0	210 / 0	16	26	5 / 27	16 / 36	9 / 41	0 / 52	25 / 57	14 / 66	47 / 79	36 / 88	78 / 130	150 / 202	220 / 272	330 / 382	505 / 557	280	315
140 / 0	230 / 0	18	28.5	7 / 29	17 / 40	10 / 46	0 / 57	26 / 62	16 / 73	51 / 87	41 / 98	87 / 144	169 / 226	247 / 304	369 / 426	569 / 626	315	355
140 / 0	230 / 0	18	28.5	7 / 29	17 / 40	10 / 46	0 / 57	26 / 62	16 / 73	51 / 87	41 / 98	93 / 150	187 / 244	273 / 330	414 / 471	639 / 696	355	400
155 / 0	250 / 0	20	31.5	8 / 32	18 / 45	10 / 50	0 / 63	27 / 67	17 / 80	55 / 95	45 / 108	103 / 166	209 / 272	307 / 370	467 / 530	717 / 780	400	450
155 / 0	250 / 0	20	31.5	8 / 32	18 / 45	10 / 50	0 / 63	27 / 67	17 / 80	55 / 95	45 / 108	109 / 172	229 / 292	337 / 400	517 / 580	797 / 860	450	500

基準寸法の区分 (mm)

8・6表　多く用いられるはめあいの軸で用いる寸法許容差（単位 μm）

基準寸法の区分 (mm) を超え	以下	b9	c9	d8	d9	e7	e8	e9	f6	f7	f8	g5	g6	h5	h6	h7	h8
—	3	-140 / -165	-60 / -85	-20 / -34	-20 / -45	-14 / -24	-14 / -28	-14 / -39	-6 / -12	-6 / -16	-6 / -20	-2 / -6	-2 / -8	0 / -4	0 / -6	0 / -10	0 / -14
3	6	-140 / -170	-70 / -100	-30 / -48	-30 / -60	-20 / -32	-20 / -38	-20 / -50	-10 / -18	-10 / -22	-10 / -28	-4 / -9	-4 / -12	0 / -5	0 / -8	0 / -12	0 / -18
6	10	-150 / -186	-80 / -116	-40 / -62	-40 / -76	-25 / -40	-25 / -47	-25 / -61	-13 / -22	-13 / -28	-13 / -35	-5 / -11	-5 / -14	0 / -6	0 / -9	0 / -15	0 / -22
10	14	-150 / -193	-95 / -138	-50 / -77	-50 / -93	-32 / -50	-32 / -59	-32 / -75	-16 / -27	-16 / -34	-16 / -43	-6 / -14	-6 / -17	0 / -8	0 / -11	0 / -18	0 / -27
14	18	-150 / -193	-95 / -138	-50 / -77	-50 / -93	-32 / -50	-32 / -59	-32 / -75	-16 / -27	-16 / -34	-16 / -43	-6 / -14	-6 / -17	0 / -8	0 / -11	0 / -18	0 / -27
18	24	-160 / -212	-110 / -162	-65 / -98	-65 / -117	-40 / -61	-40 / -73	-40 / -92	-20 / -33	-20 / -41	-20 / -53	-7 / -16	-7 / -20	0 / -9	0 / -13	0 / -21	0 / -33
24	30	-160 / -212	-110 / -162	-65 / -98	-65 / -117	-40 / -61	-40 / -73	-40 / -92	-20 / -33	-20 / -41	-20 / -53	-7 / -16	-7 / -20	0 / -9	0 / -13	0 / -21	0 / -33
30	40	-170 / -232	-120 / -182	-80 / -119	-80 / -142	-50 / -75	-50 / -89	-50 / -112	-25 / -41	-25 / -50	-25 / -64	-9 / -20	-9 / -25	0 / -11	0 / -16	0 / -25	0 / -39
40	50	-180 / -242	-130 / -192	-80 / -119	-80 / -142	-50 / -75	-50 / -89	-50 / -112	-25 / -41	-25 / -50	-25 / -64	-9 / -20	-9 / -25	0 / -11	0 / -16	0 / -25	0 / -39
50	65	-190 / -264	-140 / -214	-100 / -146	-100 / -174	-60 / -90	-60 / -106	-60 / -134	-30 / -49	-30 / -60	-30 / -76	-10 / -23	-10 / -29	0 / -13	0 / -19	0 / -30	0 / -46
65	80	-200 / -274	-150 / -224	-100 / -146	-100 / -174	-60 / -90	-60 / -106	-60 / -134	-30 / -49	-30 / -60	-30 / -76	-10 / -23	-10 / -29	0 / -13	0 / -19	0 / -30	0 / -46
80	100	-220 / -307	-170 / -257	-120 / -174	-120 / -207	-72 / -107	-72 / -126	-72 / -159	-36 / -58	-36 / -71	-36 / -90	-12 / -27	-12 / -34	0 / -15	0 / -22	0 / -35	0 / -54
100	120	-240 / -327	-180 / -267	-120 / -174	-120 / -207	-72 / -107	-72 / -126	-72 / -159	-36 / -58	-36 / -71	-36 / -90	-12 / -27	-12 / -34	0 / -15	0 / -22	0 / -35	0 / -54
120	140	-260 / -360	-200 / -300	-145 / -208	-145 / -245	-85 / -125	-85 / -148	-85 / -185	-43 / -68	-43 / -83	-43 / -106	-14 / -32	-14 / -39	0 / -18	0 / -25	0 / -40	0 / -63
140	160	-280 / -380	-210 / -310	-145 / -208	-145 / -245	-85 / -125	-85 / -148	-85 / -185	-43 / -68	-43 / -83	-43 / -106	-14 / -32	-14 / -39	0 / -18	0 / -25	0 / -40	0 / -63
160	180	-310 / -410	-230 / -330	-145 / -208	-145 / -245	-85 / -125	-85 / -148	-85 / -185	-43 / -68	-43 / -83	-43 / -106	-14 / -32	-14 / -39	0 / -18	0 / -25	0 / -40	0 / -63
180	200	-340 / -455	-240 / -355	-170 / -242	-170 / -285	-100 / -146	-100 / -172	-100 / -215	-50 / -79	-50 / -96	-50 / -122	-15 / -35	-15 / -44	0 / -20	0 / -29	0 / -46	0 / -72
200	225	-380 / -495	-260 / -375	-170 / -242	-170 / -285	-100 / -146	-100 / -172	-100 / -215	-50 / -79	-50 / -96	-50 / -122	-15 / -35	-15 / -44	0 / -20	0 / -29	0 / -46	0 / -72
225	250	-420 / -535	-280 / -395	-170 / -242	-170 / -285	-100 / -146	-100 / -172	-100 / -215	-50 / -79	-50 / -96	-50 / -122	-15 / -35	-15 / -44	0 / -20	0 / -29	0 / -46	0 / -72
250	280	-480 / -610	-300 / -430	-190 / -271	-190 / -320	-110 / -162	-110 / -191	-110 / -240	-56 / -88	-56 / -108	-56 / -137	-17 / -40	-17 / -49	0 / -23	0 / -32	0 / -52	0 / -81
280	315	-540 / -670	-330 / -460	-190 / -271	-190 / -320	-110 / -162	-110 / -191	-110 / -240	-56 / -88	-56 / -108	-56 / -137	-17 / -40	-17 / -49	0 / -23	0 / -32	0 / -52	0 / -81
315	355	-600 / -740	-360 / -500	-210 / -299	-210 / -350	-125 / -182	-125 / -214	-125 / -265	-62 / -98	-62 / -119	-62 / -151	-18 / -43	-18 / -54	0 / -25	0 / -36	0 / -57	0 / -89
355	400	-680 / -820	-400 / -540	-210 / -299	-210 / -350	-125 / -182	-125 / -214	-125 / -265	-62 / -98	-62 / -119	-62 / -151	-18 / -43	-18 / -54	0 / -25	0 / -36	0 / -57	0 / -89
400	450	-760 / -915	-440 / -595	-230 / -327	-230 / -385	-135 / -198	-135 / -232	-135 / -290	-68 / -108	-68 / -131	-68 / -165	-20 / -47	-20 / -60	0 / -27	0 / -40	0 / -63	0 / -97
450	500	-840 / -995	-480 / -635	-230 / -327	-230 / -385	-135 / -198	-135 / -232	-135 / -290	-68 / -108	-68 / -131	-68 / -165	-20 / -47	-20 / -60	0 / -27	0 / -40	0 / -63	0 / -97

〔備考〕表中の各段で，上側の数値は上の寸法許容差，下側の数値は下の寸法許容差を示す．

8・3 多く用いられるはめあい

軸の公差域クラス															基準寸法の区分 (mm)	
h9	js5	js6	js7	k5	k6	m5	m6	n6	p6	r6	s6	t6	u6	x6	を超え	以下
−	±	±	±	+	+	+	+	+	+	+	+	+	+	+		
0 / −25	2	3	5	4 / 0	6 / 0	6 / 2	8 / 2	10 / 4	12 / 6	16 / 10	20 / 14	—	24 / 18	26 / 20	—	3
0 / −30	2.5	4	6	6 / 1	9 / 1	9 / 4	12 / 4	16 / 8	20 / 12	23 / 15	27 / 19	—	31 / 23	36 / 28	3	6
0 / −36	3	4.5	7.5	7 / 1	10 / 1	12 / 6	15 / 6	19 / 10	24 / 15	28 / 19	32 / 23	—	37 / 28	43 / 34	6	10
0 / −43	4	5.5	9	9 / 1	12 / 1	15 / 7	18 / 7	23 / 12	29 / 18	34 / 23	39 / 28	—	44 / 33	51 / 40	10	14
0 / −43	4	5.5	9	9 / 1	12 / 1	15 / 7	18 / 7	23 / 12	29 / 18	34 / 23	39 / 28	—	44 / 33	56 / 45	14	18
0 / −52	4.5	6.5	10.5	11 / 2	15 / 2	17 / 8	21 / 8	28 / 15	35 / 22	41 / 28	48 / 35	—	54 / 41	67 / 54	18	24
0 / −52	4.5	6.5	10.5	11 / 2	15 / 2	17 / 8	21 / 8	28 / 15	35 / 22	41 / 28	48 / 35	54 / 41	61 / 48	77 / 64	24	30
0 / −62	5.5	8	12.5	13 / 2	18 / 2	20 / 9	25 / 9	33 / 17	42 / 26	50 / 34	59 / 43	64 / 48	76 / 60	96 / 80	30	40
0 / −62	5.5	8	12.5	13 / 2	18 / 2	20 / 9	25 / 9	33 / 17	42 / 26	50 / 34	59 / 43	70 / 54	86 / 70	113 / 97	40	50
0 / −74	6.5	9.5	15	15 / 2	21 / 2	24 / 11	30 / 11	39 / 20	51 / 32	60 / 41	72 / 53	85 / 66	106 / 87	141 / 122	50	65
0 / −74	6.5	9.5	15	15 / 2	21 / 2	24 / 11	30 / 11	39 / 20	51 / 32	62 / 43	78 / 59	94 / 75	121 / 102	165 / 146	65	80
0 / −87	7.5	11	17.5	18 / 3	25 / 3	28 / 13	35 / 13	45 / 23	59 / 37	73 / 51	93 / 71	113 / 91	146 / 124	200 / 178	80	100
0 / −87	7.5	11	17.5	18 / 3	25 / 3	28 / 13	35 / 13	45 / 23	59 / 37	76 / 54	101 / 79	126 / 104	166 / 144	232 / 210	100	120
0 / −100	9	12.5	20	21 / 3	28 / 3	33 / 15	40 / 15	52 / 27	68 / 43	88 / 63	117 / 92	147 / 122	195 / 170	273 / 248	120	140
0 / −100	9	12.5	20	21 / 3	28 / 3	33 / 15	40 / 15	52 / 27	68 / 43	90 / 65	125 / 100	159 / 134	215 / 190	305 / 280	140	160
0 / −100	9	12.5	20	21 / 3	28 / 3	33 / 15	40 / 15	52 / 27	68 / 43	93 / 68	133 / 108	171 / 146	235 / 210	335 / 310	160	180
0 / −115	10	14.5	23	24 / 4	33 / 4	37 / 17	46 / 17	60 / 31	79 / 50	106 / 77	151 / 122	195 / 166	265 / 236	379 / 350	180	200
0 / −115	10	14.5	23	24 / 4	33 / 4	37 / 17	46 / 17	60 / 31	79 / 50	109 / 80	159 / 130	209 / 180	287 / 258	414 / 385	200	225
0 / −115	10	14.5	23	24 / 4	33 / 4	37 / 17	46 / 17	60 / 31	79 / 50	113 / 84	169 / 140	225 / 196	313 / 284	454 / 425	225	250
0 / −130	11.5	16	26	27 / 4	36 / 4	43 / 20	52 / 20	66 / 34	88 / 56	126 / 94	190 / 158	250 / 218	347 / 315	507 / 475	250	280
0 / −130	11.5	16	26	27 / 4	36 / 4	43 / 20	52 / 20	66 / 34	88 / 56	130 / 98	202 / 170	272 / 240	382 / 350	557 / 525	280	315
0 / −140	12.5	18	28.5	29 / 4	40 / 4	46 / 21	57 / 21	73 / 37	98 / 62	144 / 108	226 / 190	304 / 268	426 / 390	626 / 590	315	355
0 / −140	12.5	18	28.5	29 / 4	40 / 4	46 / 21	57 / 21	73 / 37	98 / 62	150 / 114	244 / 208	330 / 294	471 / 435	696 / 660	355	400
0 / −155	13.5	20	31.5	32 / 5	45 / 5	50 / 23	63 / 23	80 / 40	108 / 68	166 / 126	272 / 232	370 / 330	530 / 490	780 / 740	400	450
0 / −155	13.5	20	31.5	32 / 5	45 / 5	50 / 23	63 / 23	80 / 40	108 / 68	172 / 132	292 / 252	400 / 360	580 / 540	860 / 820	450	500

たがって中間ばめの場合，符号が正となればすきまを生じ，負が得られたときはしめしろとなることを示している．

上記は一例であるが，みなさんもこのようなはめあいの例題を作成して，各人で計算を試みていただきたい．なお，このような計算結果のすべては，くわしい数表にまとめられて JIS B 0401-2 に示されているので参照していただきたい．

8・4　寸法許容差およびはめあいの図面記入法

1. 寸法許容差を数値で示す記入法

寸法許容差を図面に記入する場合には，一般に上の寸法許容差と下の寸法許容差を，基準寸法の数値に併記するのであるが，これには 8・10 図に示すような方法によって行われている．

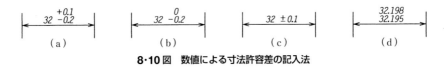

8・10 図　数値による寸法許容差の記入法

同図(a)は，基準寸法のつぎに，上の寸法許容差を上に，下の寸法許容差を下に，重ねて記入する方法であるが，この場合，寸法許容差を示す数値の文字の大きさ（文字高さ）は，基準寸法と同じ大きさにすればよい．

同図(b)は，一方の寸法許容差が 0 の場合を示す．

同図(c)は，両側公差の場合で，上・下の寸法許容差が等しいときの記入法であり，寸法許容差の数値を一つにして，その前に正負の記号（±）を付けておけばよい．なおこの場合には寸法許容差を示す数値の大きさは，基準寸法と同じにする．

同図(d)は，寸法許容差でなく，最大許容寸法および最小許容寸法で表した例を示したものである．

2. 寸法許容差を公差域クラスで示す記入法

寸法数値を公差域クラス，すなわちはめあい方式によって記入する場合には，8・11 図(a)に示すように，基準寸法の数値のあとに，公差域クラスの記号を，同

8・11 図　公差域クラスによる寸法許容差の記入法

じ大きさで続けて記入すればよい．なお，これに上・下の寸法許容差の数値を参考までに記入する場合には，同図(b)のように，公差域クラスのあとに，かっこに入れて，上の寸法許容差を上に，下の寸法許容差を下に，重ねて記入すればよい．また同図(c)は，最大および最小許容寸法を記入した例である．

なお，この公差域クラスによる寸法許容差の記入法は，穴・軸の場合だけでなく，キーとキー溝のように，平行2平面の簡単な形体を有する品物の場合も用いてよい．

3. 組立てた状態での寸法許容差の記入法

組立てた状態の図面に，おす部品，めす部品の寸法許容差を同時に記入する場合には，8・12図(a)に示すように，共通な寸法補助線に，寸法線を別個に引いて記入するか，あるいは同図(b)のように，寸法線を1本にして，基準寸法を共通にして記入すればよい．なお，これらの場合，穴および軸の文字，あるいは照合番号を用いて，いずれの寸法の寸法許容差であるかを明らかにしておかなければならない．

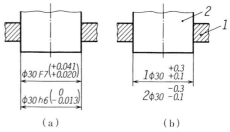

8・12図　組立てた状態での寸法許容差記入法

また，組立てた状態の図面に，はめあいを記入する場合には，8・13図(a)に示すように，基準寸法のあとに，穴および軸の公差域クラスの記号を，斜線を用いて記入するか，

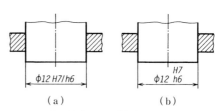

8・13図　組立図への公差域クラスによる寸法記入法

同図(b)のように，穴の寸法を上側に，軸の寸法を下側に記入すればよい．

4. 角度の寸法許容差の記入法

8・14図は，角度の寸法許容差の記入例を示したものである．この場合，寸法許容差にも単位記号を必ず記入することを忘れてはならない．

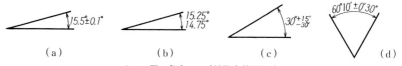

8・14図　角度への寸法許容差記入法

5. 寸法許容差記入上の注意

(1) 寸法許容差の重複を避ける　8・15図に示すような，並んだ二つ以上の寸法に寸法許容差を記入する場合には，もしすべての寸法に許容差を記入すると，全体の寸法には個々の寸法許容差が重複して影響してくることになり，個々の寸法許容差と全体の寸法許容差の間に矛盾を生じることがある．

そこでこのような場合には，同図(a)，(b)のように，重要でない部分の寸法は記入しないか，あるいは同図(c)のように，その部分の寸法をかっこに入れて記入するのがよい．

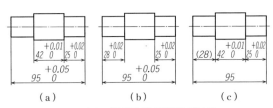

8・15図　寸法許容差の重複を避ける

このような記入されない寸法あるいはかっこに入れられた寸法は，他の部分を加工した残りの寸法で満足することを意味している．

また，6章6・8節において説明したような，並列寸法記入法あるいは累進寸法記入法によれば，このような矛盾が生じるのを防ぐことができる（8・16図）．

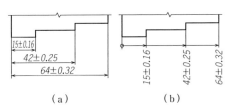

8・16図　並列寸法記入法と累進寸法記入法

(2) 寸法許容差は機能を要求する寸法に直接記入する　一般に寸法許容差は，機能を確保するために指定するものであるから，その機能を要求する部分に直接記入しなければならない〔8・17図(a)，(b)〕．

もしこれを同図(c)のように，他の部分により間接的に指示しようとすると，かえって重要でない寸法とみなされるか，または他の部分にことさらにきびしい公差を課さなければならなくなる．

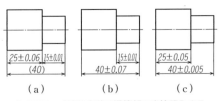

8・17図　寸法許容差は機能部に直接記入する

9
幾何公差および最大実体公差の図示法

9・1 幾何公差の図示法

1. 幾何公差について

8章で説明した穴と軸とは,必ずしもつねに正確な円筒形に仕上げられるとは限らない.むしろ逆にその断面は真円ではなく,また軸線も真直でない場合が多い.したがって9・1図のように,それぞれは寸法公差内に仕上がっていても,たとえば断面がゆがんでいたり,軸線が曲がっていたりするために,組立てることができない場合もありうるのである.

このようなことは,穴と軸の場合に限らず,あらゆる場合にいえることである.したがってJISでは,品物の寸法だけではなく,形状や位置などに対しても公差を与えて,これを図面に指示する方法を規定している.

このように,品物の形状や位置などに対して与えられる公差を**幾何公差**という.9・1表はJISに定められた幾何公差の種類,およびそれらを図中に指示するときに用いる記号を示したものである.

9・1表 幾何公差の種類と記号

適用する形体		公差の種類	記号
単独形体	形状公差	真直度公差	―
		平面度公差	◻
		真円度公差	○
		円筒度公差	⌭
単独形体または関連形体		線の輪郭度公差	⌒
		面の輪郭度公差	⌓
関連形体	姿勢公差	平行度公差	∥
		直角度公差	⊥
		傾斜度公差	∠
	位置公差	位置度公差	⌖
		同軸度公差または同心度公差	◎
		対称度公差	≡
	振れ公差	円周振れ公差	↗
		全振れ公差	↗↗

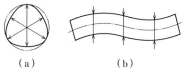

9・1図 実際に仕上がった形状の例
(a)　(b)

9・1表において,たとえば真直度とは,品物の直線部分のまっすぐさの度合いをいうのであるが,完全な直線部分というものはありえないから,これからどれだけならば狂ってもよいか,ということを示すことにする.これをいいかえれば,真直度とは,品物の直線部分が,**幾何学的に正しい直線からの狂いの大きさ**をいい,真直度公差とは,その許容値である.以下,これに準じてそれぞれ定義づけられている.また,真直度公差,平面度公差などのように,他の部分と無関係に単独に公差が適用される形体を**単独形体**といい,平行度公差,直角度公差などのように,関連する相手があって公差が適用される形体を**関連形体**という.なお,後者の場合,関連する相手側のことを,**データム**と呼んでいる.したがって関連形体の幾何公差の場合には,必ずこのデータムを明示しておかなければならない.

2. 幾何公差における公差域

幾何公差においては,品物の形状の狂い(これを**偏差**という)は,8章の寸法公差のように二点間の距離だけでなく,一般に空間的なひろがりを持つことが多く,この場合の公差域の定め方は9・2表に示すような,いろいろな平面または空間の領

9・2表 公差域と公差値

番号	公差域	公差値	適用する幾何公差の例
(1)	円の中の領域	円の直径	点の位置度,同心度
(2)	二つの同心円の間の領域	同心円の半径の差	真円度
(3)	二つの等間隔の線または平行二直線の間の領域	二線または二直線の間隔	線の輪郭度,平行度
(4)	球の内部の領域	球の直径	点の位置度
(5)	円筒の内部の領域	円筒の直径	真直度,同軸度
(6)	同軸の二つの円筒の間の領域	同軸円筒の半径の差	円筒度
(7)	二つの等間隔の表面または平行二平面の間の領域	二面または二平面の間隔	面の輪郭度,平面度
(8)	直方体の中の領域	直方体の各辺の長さ	平行度,対称度

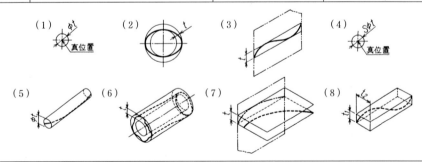

域を示すことによって行われている．したがって，ここにいう**公差域**とは，8章のはめあいにおいて説明した公差域とは，多少意味合いが異なっているので注意してほしい．

たとえば点の位置度は，円の直径をもってその公差域が示される．いま9・2表(1)のように ϕt の公差域の場合には，その点は，示された位置を中心とする直径 t mm の円内にさえあれば，どのような位置にあっても許されるのである．

また，直線の真直度では，円筒の直径でもってその公差域が示される．同表(5)に示すように ϕt の公差域が与えられた場合には，その直線は，直径 t mm の円筒内に納まっていさえすれば，どのように傾いていても曲がりくねっていても許されるのである．

平面度などの場合では，平行二平面の間の距離で公差域が示される．この場合には同表(7)に示すように，その平面上のどの部分も，t mm 離れた平行二平面にはさまれた空間内にあることを要求しているのである．

3. 幾何公差の図示法

上記のような幾何公差は，9・1表に示した記号を用い，9・2図のような長方形をした**公差記入枠**によって，その種類およびその公差域を，それぞれ縦の線で仕切って記入して表すことになっており，この公差記入枠から，9・3図に示すように指示線によって，図中の該当部分(外形線，寸法線，中心線など)に結び，かつその先端に矢印を付けて示す．

なお，公差を二つ以上の形体に適用する場合には，9・3図に示すように，"×"の記号を用いて，その形体の数を，公差記入枠の上部に示しておけばよい．ただし，この指示線の矢印の先端は，その当て方によって，つぎに説明するような特別な意味をもつことがあるので，注意しなければならない．

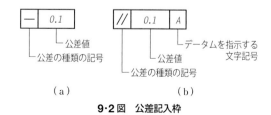

9・2図 公差記入枠

9・3図 公差を複数の形体に適用する場合

(1) 線または面全体に公差を指定する場合 9・4図において，⌖ 0.08 の記号は，この品物の指示された表面全体が，0.08 mm だけ離れた二つの平行間になければならないことを示している．

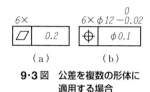

9・4図 平面度の指示

このように，線または面全体に公差を指定する場合には，指示線の矢は，図の外形線またはその延長線上に当てるのであるが，この場合，寸法線から，はっきりと離れた位置に当てなければならない．

9・5図　軸線への指示

(2) 軸線または中心面に公差を指定する場合
9・5図は，この円筒の軸線が，直径 0.08 mm の円筒内になければならないことを示したもので，このように，軸線や中心面に公差を指定する場合には，指示線の矢印を必ずその寸法線に当てなければならない．

(3) データムの指示　平行度公差などでは，その公差は，データムとの関連によって規制されるので，データムを図示しておくことが必要になる．

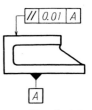

9・6図　データム三角記号

この場合には，9・6図に示すように，データムになる部分に，塗りつぶした三角形（塗りつぶさなくてもよい）の一辺を当て，これを正方形の枠で囲んだデータム記号（ラテン文字の大文字で示す）に指示線で結んで示しておき，一方，公差記入枠の末尾に欄を設け，同じデータム記号を記入しておけばよい（9・7図）．

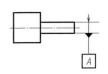

9・7図　データムの指示

なお，軸心をデータムに選ぶときには，前述した公差記入枠の場合と同じく，9・8図に示すように，必ずその軸心を示す寸法線に直接矢を当てなければならない．

また，データムを二つ以上用いる場合には，9・9図に示すように，公差記入枠にそれらの文字記号を，ハイフンで結んで列記しておけばよい．

(4) 理論的に正確な寸法　一般に記入された寸法には，必ず寸法公差が存在するが，幾何公差において位置度を指定する場合には，その位置までの寸法に公差を認めると，寸法公差と位置度公差が重複して影響してくるので，位置度公差の値があいまいになってしまう．

したがってこのような寸法には，公差を与えてはならないのであるが，図面上では，それが公差を考えない寸法，すなわち理論的に

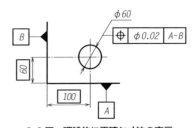

9・8図　軸線がデータムのときの指示

9・9図　理論的に正確な寸法の表示

正確な寸法であることを示す必要がある．そこでこのような寸法には，9・9図に示すように，それらの寸法を，長方形の枠で囲んでおくことになっている．

同図において，60および100は，理論的な寸法であることを示している．そして，指示線

9・10図 複数のデータム間に優先関係がある場合

の矢で示した点は，データム A から 60 mm，データム B から 100 mm の真位置を中心とする，直径 0.02 mm の円のなかになければならないことを示している．

この場合のデータム A-B は，同一の欄に併記されているので，両者の間には優先度がないことを表しているが，優先度を必要とする場合には，9・10図に示す A, B, C のように，その順に並べ，かつそれらを縦線で仕切っておけばよい．

4. 寸法公差方式と幾何公差方式の公差域の比較

ところで注意深い読者は，上記のような位置度公差は，8章で学んだ寸法公差方式によっても指示できることに気づかれたことと思う．

9・11図(a)は，そのような状態を示したものである．この場合の位置度は，同図(b)に示すように，1辺を 0.4 とする正方形の公差域で指示されており，その面積は $0.4^2 = 0.16$（mm²）である．図でわかるように，この位置度の最大変動量は，対角線の方向にあり，その大きさは $0.4 \times \sqrt{2} \fallingdotseq 0.57$ である．

ところがこの 0.57 という最大変動量は，45°の方向だけでなく，あらゆる方向に許してもよいはずである．これをいいかえれば，0.57 を直径とする円の領域をその公差域とすることができることになる．

そこでこれを同図(c)のように，幾何公差によって指示した場合を考えれば，その公差域の面積は約 0.25 mm² であって，これはもとの正方形の面積より 56% も増大させた値になることがわかる．

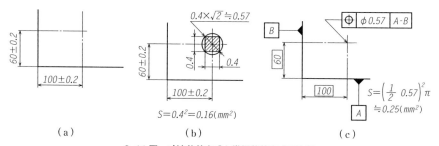

9・11図 寸法公差方式と幾何公差方式の比較

このように考えれば，位置度の指定は，寸法公差方式によるよりも，幾何公差方式による方がはるかに有利である．このほかにも幾何公差方式には，種々のすぐれた利点があるので，適切な参考書あるいは JIS 規格によって，さらに突っこんだ勉強をされるよう希望する．

9・2　最大実体公差の図示法

1. 最大実体とは

8 章で述べた寸法公差と，本章 9・1 節において述べた幾何公差とは，もともと公差に対してまったく異なった考え方にもとづくものであって，本来両者は縁もゆかりもない存在であった．ところが第二次世界大戦中，これら両者の間におもしろい関係があることが発見され，それを利用することにより，寸法公差と幾何公差を別々に適用したときは不合格とされていたものを，大幅に救済する道が開けたのである．その方式を**最大実体公差方式**（Maximum Material Principle，略して **MMP**）という．

最大実体というのは，寸法公差範囲内において，実体，すなわちその質量が最大となるように仕上がった状態をいうのであって，軸のような外側形体では，それが最大許容寸法のときであり，また穴のような内側形体のものでは，逆にそれが最小許容寸法のときにそのような状態となる．すなわち形ではなく，最も実が入った状態のことをさすのである．このように，最大実体に仕上がった状態のことを，**最大実体状態**（Maximum Material Condition，略して **MMC**）という．

なぜこの最大実体が問題になるかというと，たとえばすきまばめにおいて，穴および軸の双方が MMC に仕上がったとすれば，すきまは最小となる．すなわちはめあいとしては最も条件の悪い状態である．

穴，軸とも MMC のときが最悪のはめあい条件であるとしても，最低のすきまなわち互換性は保証されているのであるから，穴，軸の双方，または一方でも，MMC を離れてその反対の状態，すなわち**最小実体状態**（Least Material Condition，略して **LMC** という）の方に近づくにつれて，すきまは段々大きくなり，LMC に至るに及んですきまは最大となる．もちろんこの場合でも互換性は保証されている．いわば余裕のあるはめあいが得られることになる．

最大実体公差方式は，この余裕を活用して，たとえば位置公差や姿勢公差にこれをふりむけて，全体の公差の幅をずっと大きくとることを可能にしたもので，もち

ろんはめあい部品だけでなく，他の形体に対しても種々応用ができるものである．
　ただしその性格上，はめあい部品でも，しまりばめや中間ばめの場合には応用することができない．

2. 最大実体公差の記入例とその説明

　上記のような最大実体公差を適用する場合には，9·12図の例のように，公差記入枠内の公差を指示した数値のあとにMMPを意味するⓂの記号を記入しておけばよいことになっている．

（1） ピン部品の場合の例　いま9·12図(a)において，φ20のピンには，上の寸法許容差0，下の寸法許容差−0.2が記入されているから，このピンのMMCにおける寸法（**最大実体寸法**，略して**MMS**という）はφ20.0 mmであり，LMCにおける寸法（**最小実体寸法**，略して**LMS**という）は，φ19.8 mmである．

　ところがこのピンには，さらにφ0.2直角度公差が与えられているから，このピンの軸心は，φ0.2 mmの円筒の公差域内において，狂うことが許される．

　9·12図(b)は，このピンがMMSすなわちφ20.0 mmに仕上がり，かつその軸心が，公差域内において最大に傾いた状態を示したものである．この場合，ピンの実体は，MMSすなわちφ20.0に幾何公差の最大値φ0.2を加えたφ20.2の円筒の領域内にあり，かつ互換性を保証される．

　このMMSに幾何公差を加えたφ20.2という寸法を**実効寸法**（Virtual Size，略して**VS**）という．いいかえれば，この実効寸法が互換性を保証する，ぎりぎりの寸法ということになる．

　さて，このピンに最大実体公差が適用されない場合には，寸法公差と幾何公差の間には，なんらの関連がない（これを**独立の原則**という）から，それぞれ別個に適用され，この場合では寸法公差は0.2であり，直角度公差はφ0.2であってそれで終りであるが，Ⓜの記号が記入されているから，最大実体公差が適用されること

9·12図　ピン部品の最大実体公差

になり，つぎのように公差域を拡大することができる．

9・12 図(c)は，ピンがこんどは LMS，すなわち φ19.8 mm に仕上がった場合で，かつその軸心が，実効寸法ぎりぎりまで傾いた場合を示したものである．図示のように，この場合ではピンの直角度公差は，最初の φ0.2 に，寸法公差 0.2 を加えた φ0.4 にまで拡大されているが，同図(a)の場合と同じく実効寸法 φ20.2 の領域内に納まっているから，互換性を保証されていることがわかるであろう．

9・13 図は，上記のことを線図上で表したもので，このような線図を**動的公差線図**という．すなわち図の横軸には，ピンの直径寸法が，19.8 から 20.0 まで変動することが示され，縦軸では直角度公差が，0.2 から 0.4 まで拡大される模様が描かれている．このように，最大実体公差方式を適用した場合には，実体が MMC を離れて小さく（穴の場合は大きく）仕上がった場合には，その分だけ，幾何公差の値を大きくすることが許されるのである．図

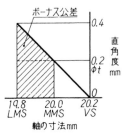

9・13 図　動的公差線図

のハッチングを施した部分が使用できる領域であるが，この図の破線から上の部分が，拡大された公差域を示すもので，これを**ボーナス公差**と呼んでいる．

(2) 穴部品の場合の例　この場合には，その最小許容寸法が最大実体寸法になり，それから幾何公差の値を差引いた寸法が実効寸法になるほかは，上記ピン部品の場合とまったく同様であって，9・14 図にその例を示す．

なお，はめあい部品の場合には，その最小すきまを位置または姿勢公差の値として利用するのがよい．なぜなら，穴と軸がそれぞれ MMS に仕上がったときでも，最低限ゼロ以上のすきまは保証されるので，その分だけ位置または姿勢が狂っても，はめあいに干渉は起こらないからである．この場合の公差値は，穴と軸の双方に対するものであるから，合計してその値になるよう適切に配分すればよい．

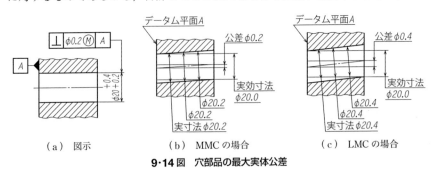

9・14 図　穴部品の最大実体公差

10
主要な機械要素の図示法

　機械部品のなかでも，ねじとか歯車などは，多くの機械に共通して，きわめて多く用いられているが，これらは機械を構成する共通な要素となるものであるから，これを総称して**機械要素**と呼んでいる．

　また，機械要素にはさまざまな種類があるが，とくに，ねじとか歯車などは，その形状どおりに図示しようとすると，非常な手数を要するうえに，これらはすべて機械で自動的に加工されるので，その実形を描く必要はなく，JISでは，以下説明するような，簡単な略画法を用いて描けばよいことにしている．

　上記のほか本章では，機械要素のうちで主要なもの，ならびに溶接継手についても，その図示法を説明しておく．

10·1　ねじ製図

1. ねじについて

　ねじは，10·1図に示すように，円筒の外側および内側に，つる巻き線にそって一定の形状の溝をうがったもので，図示のようにおねじとめねじを組合わせて用いるが，このような組合わせを**ねじ対偶**という．

　ねじの起源は，遠く紀元前にまでさかのぼるといわれ，アルキメデス（B.C. 287〜212）の考案になるという記録があるほどである．ねじを工業用に開発したのはレオナルド・ダ・ヴィンチ（1452〜1519）であり，彼によって金属製のねじが使用される道が開かれた．その後，1800年にヘンリー・モーズリー（1771〜1831）が完成したねじ切り旋盤（図10·2）によって，ねじの精度および生産量は飛躍的に高められ

（a）おねじ
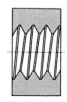
（b）めねじ

10·1図　ねじ対偶

10・2図 モーズリーのねじ切り盤（1800年）

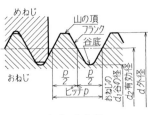

（a）おねじ

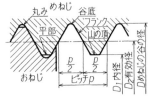

（b）めねじ

10・3図 ねじ各部の名称

たのである．現在，ねじはあらゆる分野にわたって，物の固着用，2部分の距離調節用，動力の伝達用として，広く使用されている．

10・3図は，ねじ主要部の名称を示したものである．

2. ねじ山の種類

ねじ山には，10・4図に示すように，その断面の形状によって，三角ねじ，角ねじ，台形ねじその他のものがあるが，その大部分は三角ねじであって，メートル系ねじと，インチ系ねじに分けられる．

ねじの大きさを表すには，一般に**おねじの外径**によって表すことになっており，これを**呼び径**という．また，後述（107ページ参照）するように，呼び径の数字の前あるいは後に，ねじの種類を示す記号を付したものを，**ねじの呼び**という．

ねじは完全な互換性部品であるから，そのねじ山は規格で詳細に規定されているが，そのうちの主要なねじの種類には，つぎのようなものがある．

（1）メートル系ねじ これは，呼び径およびピッチをミリメートルで表したねじで，ねじ山の角度は60°であり，呼び径に対してピッチが比較的に大きい**並目ねじ**と，同じくピッチが細かい**細目ねじ**とに分けられる．JISでは，これらを**一般用メートルねじ**として規定している（JIS B 0205）．

並目ねじ（10・1表）には，呼び径1 mmから64 mmまでのものがあり，それぞれの呼び径に対して，ピッチは1種類だけ定められてお

（a）三角ねじ

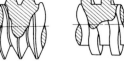
（b）角ねじ

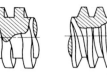
（c）台形ねじ

10・4図 ねじ山の種類

10・1表　一般用メートルねじ（JIS B 0205-1～4 抜粋）

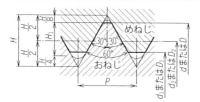

太い実線は基準山形を示す．

$H = 0.866025\,P$
$H_1 = 0.541266\,P$
$d_2 = d - 0.649519\,P$
$d_1 = d - 1.082532\,P$
$D = d,\ D_2 = d_2,\ D_1 = d_1$

| ねじの呼び | | ピッチ P | | めねじ 谷の径 D / おねじ 外径 d | めねじ 有効径 D_2 / おねじ 有効径 d_2 | めねじ 内径 D_1 / おねじ 谷の径 d_1 | ねじの呼び | | ピッチ P | | めねじ 谷の径 D / おねじ 外径 d | めねじ 有効径 D_2 / おねじ 有効径 d_2 | めねじ 内径 D_1 / おねじ 谷の径 d_1 |
第1選択	第2選択	並目	細目				第1選択	第2選択	並目	細目			
M 1		0.25		1.000	0.838	0.729	M 20			1.50	20.000	19.026	18.376
M 1.2		0.25		1.200	1.038	0.929			2.50			20.376	19.294
	M 1.4	0.30		1.400	1.205	1.075		M 22		2.00	22.000	20.701	19.835
M 1.6		0.35		1.600	1.373	1.221				1.50		21.026	20.376
	M 1.8	0.35		1.800	1.573	1.421	M 24		3.00		24.000	22.051	20.752
M 2		0.40		2.000	1.740	1.567				2.00		22.701	22.835
M 2.5		0.45		2.500	2.208	2.013		M 27	3.00		27.000	25.051	23.752
M 3		0.50		3.000	2.675	2.459				2.00		25.701	24.835
	M 3.5	0.60		3.500	3.110	2.850	M 30		3.50		30.000	27.727	26.211
M 4		0.70		4.000	3.545	3.242				2.00		28.701	27.835
M 5		0.80		5.000	4.480	4.134		M 33	3.50		33.000	30.727	29.211
M 6		1.00		6.000	5.350	4.917				2.00		31.701	30.835
	M 7	1.00		7.000	6.350	5.917	M 36		4.00		36.000	33.402	31.670
M 8		1.25		8.000	7.188	6.647				3.00		34.051	32.752
			1.00		7.350	6.917		M 39	4.00		39.000	36.402	34.670
M 10		1.50		10.000	9.026	8.376				3.00		37.051	35.752
			1.25		9.188	8.647	M 42		4.50		42.000	39.077	37.129
			1.00		9.350	8.917				3.00		40.051	38.752
M 12		1.75		12.000	10.863	10.106		M 45	4.50		45.000	42.077	40.129
			1.50		11.026	10.376				3.00		43.051	41.752
			1.25		11.188	10.647	M 48		5.00		48.000	44.752	42.587
	M 14	2.00		14.000	12.701	11.835				3.00		46.051	41.752
			1.50		13.026	12.376		M 52	5.00		52.000	48.752	46.587
M 16		2.00		16.000	14.701	13.835				4.00		49.402	47.670
			1.50		15.026	14.376	M 56		5.50		56.000	52.428	50.046
	M 18	2.50		18.000	16.376	15.294				4.00		53.402	51.670
		2.00			16.701	15.835		M 60	5.50		60.000	56.428	54.046
			1.50		17.026	16.376				4.00		57.402	55.670
M 20		2.50		20.000	18.376	17.294	M 64		6.00		64.000	60.103	57.505
		2.00			18.701	17.835				4.00		61.402	59.670

り，ねじ部品の大多数はこれによっている．

また，細目ねじには，呼び径 1 mm から 300 mm までのものがあり，それぞれの呼び径に対し，ピッチは 1 ～ 4 種類のものが定められている．このねじは，強度や密封性を必要とするときや，光学機器のような薄肉の部品，あるいは直径の大きいねじに使用される．

なお，時計，光学機器などに用いる小さい呼び径（0.3 ～ 1.4 mm）のねじに対しては，**ミニチュアねじ**（JIS B 0201）が定められている．

（2）インチ系ねじ これは，呼び径およびピッチを，インチで表したねじで，これにはウィットねじとユニファイねじとがある．**ウィットねじ**は山の角度が 55°であり，古くから使用されてきたが，JIS では 1968 年に廃止された．

一方，ユニファイねじは，第二次世界大戦中，アメリカ，イギリス，カナダの 3 国が協定して作ったねじ規格であるが，わが国では，航空機などとくに必要がある場合にだけ使用することになっている．ユニファイねじにも，直径とピッチの割合によって，**ユニファイ並目ねじ**（JIS B 0206）と，**ユニファイ細目ねじ**（JIS B 0208）とが規定されている．ねじ山形は，メートル系ねじと同じである．インチ系ねじでは，ピッチは 1 インチ（25.4 mm）当たりのねじ山数によって示される．

（3）管（くだ）用ねじ これもインチ系に属するねじであるが，鋼管などを接続する場合に限って用いられ，規格では**管用平行ねじ**（JIS B 0202）と，**管用テーパねじ**（JIS B 0203）とが規定されている．いずれもねじ山の角度は，ウィットねじと同じく 55°である．

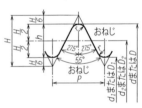

10・5 図　管用平行ねじ

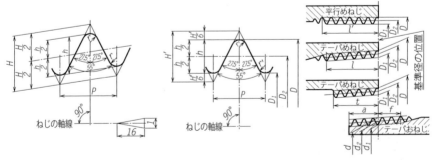

（a）テーパねじ（おねじ，めねじ）　　（b）平行めねじ　　（c）管用ねじのはめあい

10・5 図　管用テーパねじ

管用平行ねじ（10・5 図）は，構造用鋼管などの機械的結合を主目的とする場合に用いられる．

管用テーパねじは，ガス，液体などの流体輸送に用いる管，あるいは機器に用いられるもので，ねじ部の耐密性を主目的としており，10・6 図に示すように，テーパおねじ，テーパめねじのほかに，平行めねじが定めてあって，テーパおねじ／テーパめねじ，あるいはテーパおねじ／平行めねじの組合わせで用いる．この平行めねじは，上記の管用平行ねじのめねじとは許容差のとり方が異なり，別のねじであるから注意を要する．

なお，これらの管用ねじは，その寸法を表すのに，もともとガス管（配管用鋼管）の内径を表すインチ寸法で呼ばれてきた．ところがその後，鋼管材料が進歩して，肉厚の薄い管を作れるようになったが，ねじを切る関係で外径を小さくすることはできず，内径の方をそれだけ大きくすることになった．現在ではたとえば 1 インチの管といっても，その内径および外径はそれぞれ 27.6 mm および 34.0 mm であり，最初のころの 25.4 mm とはかなりかけ離れている．

（4）角ねじ，台形ねじ これらは，バルブの弁棒や，工作機械の親ねじなどのように，主として運動伝達用として用いられるものであるが，製作が困難なので，一般用としてはほとんど用いられていない．JIS では，**メートル台形ねじ**（JIS B 0216）として規定されている（10・7 図）．

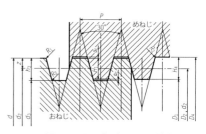

10・7 図 メートル台形ねじの設計山形

3. ねじ製図規格について

上記のようなねじを製図するにあたっては，すべてつぎの製図規格にもとづいて行うことになっている．

　JIS B 0002-1　製図―ねじ及びねじ部品―第 1 部：通則
　JIS B 0002-2　製図―ねじ及びねじ部品―第 2 部：ねじインサート
　JIS B 0002-3　製図―ねじ及びねじ部品―第 3 部：簡略図示方法

従前のねじ製図規格は，1956 年に制定されて以来，数回のわずかな改正を経ただけで長年親しまれてきたが，1998 年，ISO に整合するために大改正が施され，このような 3 部構成の規格となった．以下，これらの規格について説明する．

ただし，この規格の第 2 部：ねじインサートは，ねじ部品というよりねじ補修部品であり，わが国ではあまり用いられていないので，説明は省略した．

4. ねじの図示法

ねじの図示については，上記製図規格の第 1 部において実形図示および通常図示の方法が定められ，第 3 部において簡略図示の方法が定められている．

（1）実形図示 ねじの実形図示は，刊行物，取扱説明書などにおいて，単品または組み立てられた部品の説明のために，ねじを軸線に直角な方向から見た図，またはその断面図の実形が必要となる場合に描かれ

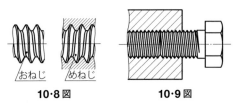

10·8 図   10·9 図

10·10 図

るものであるが，非常に手数を要するので，どうしても必要な場合だけに使用する．また，実形図示とはいっても，ねじのピッチや形状などを厳密な尺度で描く必要はなく，つる巻き線は直線で表すのがよい（10·8 図〜 10·10 図）．

（2）通常図示 通常，すべての種類の製図では，ねじおよびねじ部品は，10·11 図〜 10·13 図に示すように，単純に描けばよい．

（a）ねじの外観および断面図 この場合の線の使用法は，つぎのようである．

ねじの山の頂を連ねた線（おねじの外径線，めねじの内径線）……太い実線．
ねじの谷底を連ねた線（おねじ，めねじの谷径線）……細い実線．

（b）ねじの端面から見た図 ねじの端面から見た図では，ねじの谷底は，10·11 図および10·12 図に示すように，細い実線で描いた円周のほぼ 3/4 の欠円で表すことになった．この場合，できれば右上方に 4 分円を開けるのがよいとされているが，10·13 図のように，やむを得ない場合には，他の位置にあってもよい．

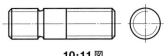

10·11 図

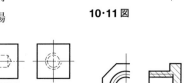

10·12 図   10·13 図

また，端面から見た図では，面取り円を表す太い線は，一般に省略する．

（c）隠れたねじ 隠れたねじを示すことが必要な場合には，山の頂および谷底は，10·12 図に示すように，細い破線で表せばよい．

(d) ねじ部品の断面図のハッチング 断面図で示すねじ部品では，ハッチングは，ねじの山の頂を示す線まで延ばして引く（10·12図）．

(e) ねじ部の長さの境界 ねじ部の長さの境界は，それが見える場合は太い実線によって図示するが，隠れている場合には，細い破線を用いて図示するか，または省略してもよい．これらの境界線は，10·10図，10·16図などに示すように，ねじの大径（おねじの外径，またはめねじの谷の径）を示す線で止める．

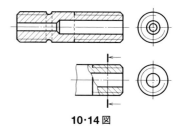

10·14図

(f) 不完全ねじ部 不完全ねじ部とは，10·15図に示すような完全ねじ部の終端を越えた部分をいい，一般には図示しないでもよいが，10·16図の植込みボルトの植込み側のように，機能上必要な場合（植込みボルトでは，この部分までしっかりとねじ込む）とか，10·17図のように，この部分の寸法を記入する場合などでは，傾斜した細い実線で示す．

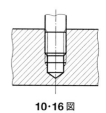

10·15図　　10·16図

(g) 組み立てられたねじ部品 上述のような通常図示の各方法は，ねじ部品の組立図においても適用される．ただし，おねじ部品は，常にめねじ部品の上に置いた状態，すなわちめねじ部品を隠した状態で示す（10·14図，10·16図）．

また，めねじの完全ねじ部の限界を表す太い実線は，めねじの谷底まで描いておかなければならない（10·17図）．

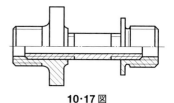

10·17図

なお，1998年の改正以前は，10·18図に示すように，めねじがどこまで切ってあるかを示すA-Bの線を描くよう定めてあったが，以後では，上記の規定により，これを描かないことになったので注意してほしい．

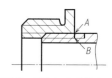

改正前：直線A-Bを描く．
改正後：直線A-Bを描かない．
10·18図

(3) 簡略図示 ねじを最も簡略に図示する場合には，ねじ部品の必要最小限の特徴だけを示せばよく，つぎの特徴は描かないでよい．

ナットおよび頭部の面取り部の角，不完全ねじ，ねじ先の形状，逃げ溝

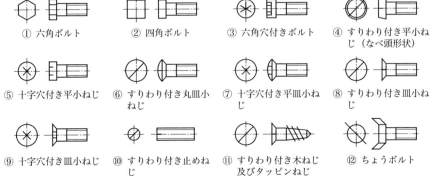

10・19図 ねじおよびナットの簡略図示

（**a**）**ねじおよびナット** ねじの頭の形状，ねじ回し用の穴などの形状，またはナットの形状を示す場合には，10・19図に示す簡略図示の例を使用すればよい．なお，この図に示してない特徴の組合わせも使用してよい．この簡略図示の場合には，ねじ側端面の図示は必要ではない．

（**b**）**小径のねじ** つぎのような場合には，もっと簡略化した図示法（10・20図〜10・23図）を用いてもよい．

直径（図面上の）が，6 mm 以下．

規則的に並ぶ同じ形状および寸法の，穴またはねじ．

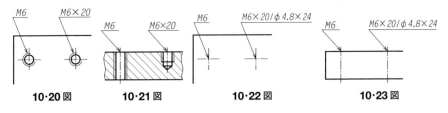

5. ねじの表し方

ねじには，その種類，寸法およびピッチなどによってさまざまなものがあるので，10・2表に示すねじの呼びを用いて表すことに定められている．

（**1**）**ねじの表し方の項目および構成** ねじの表し方は，ねじの呼び，ねじの等

10·2表　ねじの種類を表す記号およびねじの呼びの表し方の例

区分	ねじの種類		ねじの種類を表す記号	ねじの呼びの表し方の例	引用規格
ピッチをmmで表すねじ	一般用メートルねじ	並目	M	M 8	JIS B 0205
		細目		M 8×1	
	ミニチュアねじ		S	S 0.5	JIS B 0201
	メートル台形ねじ		Tr	Tr 10×2	JIS B 0216
ピッチを山数で表すねじ	管用テーパねじ	テーパおねじ	R	R 3/4	JIS B 0203
		テーパめねじ	Rc	Rc 3/4	
		平行めねじ	Rp	Rp 3/4	
	管用平行ねじ		G	G 1/2	JIS B 0202
	ユニファイ並目ねじ		UNC	⅜ - 16 UNC	JIS B 0206
	ユニファイ細目ねじ		UNF	No. 8 - 36 UNF	JIS B 0208

級およびねじ山の巻き方向の各項目について，つぎのように構成することになっている．

　|ねじの呼び|　-　|ねじの等級|　-　|ねじ山の巻き方向|

（2）ねじの呼び　ねじの呼びは，ねじの種類を表す記号，直径または呼び径を表す数字，およびピッチまたは 25.4 mm についてのねじ山数（以下，山数という）を用い，つぎのいずれかによって示せばよい．

（a）ピッチをミリメートルで表す場合　たとえば，一般用メートルねじおよびミニチュアねじがこれにあたり，つぎのように表す．

　|ねじの種類を表す記号|　|ねじの呼び径を表す数字|　×　|ピッチ|

　一般用メートルねじの場合は，10·2 表に示すように，その種類を M で表すことになっているので，呼び径が 20 mm，ピッチが 1.5 mm のねじの場合には，M 20×1.5 として表される．ただし一般用メートルねじ（並目）およびミニチュアねじのように，同一呼び径に対し，ピッチがただ一つだけ規定されているものでは，ピッチを省略してよく，たとえば M 10 のように表せばよい．したがって，M の記号をもつねじで，ピッチの記入があるものは，一般用メートルねじ（細目）であると考えてよい．

（b）ユニファイねじの場合　ユニファイ並目ねじおよびユニファイ細目ねじの場合には，つぎのようにして表す．

| ねじの直径を表す数字または番号 | - | 山数 | ねじの種類を表す記号 |

ユニファイねじでは，直径 1/4 未満の小径のねじでは，直径寸法のかわりに No. 1〜No. 12 の番号で呼ぶことになっており，かつねじの種類を表す記号としては，並目ねじには UNC，細目ねじには UNF を用いることになっているから，たとえば，No. 12−24 UNC，1/2−20 UNF のようにして表す．

（c）ユニファイねじを除くピッチを山数で表すねじの場合　各種の管用ねじ，ミシンねじなどがこれに当たり，つぎのようにして表す．

| ねじの種類を表す記号 | ねじの直径を表す数字 | - | 山数 |

ただし，管用ねじでは，いずれも同一直径に対し山数がただ一つだけ規定されているので，山数の表示は省略し，G 1/2，R 3/4 のように表示すればよい．ただしこの場合，R の記号はテーパおねじに対するもので，テーパめねじおよび平行めねじの場合は，それぞれ Rc および Rp の記号を用いることになっている．

（3）ねじのリード

ねじのつる巻き線は，一般に 1 本であって，これを一条ねじというが，これを 2 本あるいは 3 本とした多条ねじというのが

(a) 一条ねじ　(b) 二条ねじ　(c) 三条ねじ

10・24図　ねじのピッチ (p) とリード (l)

あって，それぞれ条数によって二条ねじ，三条ねじという（10・24 図）．

多条ねじでは，1 回転によってそれぞれピッチの条数倍進むが，このねじが 1 回転して進む距離を**リード**という．

多条ねじを表すには，記号 L（リードを表す）および P（ピッチを表す）を用い，たとえば，二条メートル並目ねじの例で示せば，つぎのようにして表せばよい．

〔例〕　M 8×L 2.5 P 1.25

このように，多条ねじの場合には，必ずリードとピッチの双方を示しておくことになっている．

（4）ねじ山の巻き方向

ねじは，一般に溝が右回りに切られた右ねじがほとんどであるが，必要な場合には，その逆の方向に溝が切られた左ねじが用いられることがある．

右ねじの場合には，一般に特記する必要はないが，左ねじの場合には，つぎの例

のように，ねじの呼び方に略号 LH を必ず追加して示しておかなければならない．とくに右ねじであることを示す必要がある場合には，略号 RH を用いればよい．

〔例〕 M 8－LH

（5）ねじの等級 ねじには，その精粗により，10・3表のような等級が定めてあって，必要があれば，上記のねじの呼びの最後に，短線をはさんで，これらの記号を付記すればよい．なお，等級の異なるおねじとめねじの組合わせである場合には，めねじの等級を先に，斜線をはさんでおねじの等級を後に記入すればよい．

〔例〕 M 22－6 H，M 80×4－8 h，M 18－6 H/6 g

10・3表 ねじ等級の種類

ねじの種類		ねじの等級（精←→粗）
メートルねじ	めねじ	4H, 5H, 6H, 7H
	おねじ	4h, 6h, 6g, 8h
ミニチュアねじ	めねじ	3G5, 3G6, 4H5, 4H6
	おねじ	5H3
メートル台形ねじ	めねじ	7H, 8H, 9H
	おねじ	7e, 8e, 9e
管用平行ねじ	おねじ	A, B
ユニファイねじ	めねじ	3B, 2B, 1B
	おねじ	3A, 2A, 1A

6. ねじの寸法記入法

ねじの寸法は，以前では，おねじの山の頂またはめねじの谷底を表す線から引き出した引出線によって記入することになっていたが，1998年の改正により，ねじの呼び径 d が，10・25図～10・27図に示すように，おねじの山の頂またはめねじの谷底に対し，一般寸法と同様に，寸法線および寸法補助線を用いて記入することになった．

なお，ねじ長さ寸法（不完全ねじ部を含まない）は一般に必要とされるが，止まり穴深さは，通常，省略してもよい．この場合には，穴深さはねじ長さの1.25倍程度に描いておけばよい（10・28図）．また，10・29図に示すような簡単な表示を使用してもよい．

10・4表に，JIS B 1001 に示されているボルト穴径およびざぐり径の値を示した．

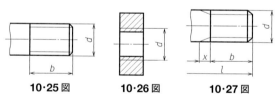

10・25図　　10・26図　　10・27図

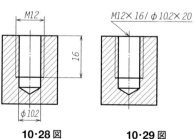

10・28図　　10・29図

10・4表　ボルト穴およびざぐり径（JIS B 1001）

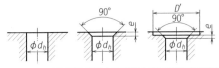

〔注〕 (1) 4級は，主として鋳抜き穴に適用する．
〔備考〕 あみかけした部分は，ISOに規定されていない．

ねじの呼び径	ボルト穴径 d_h				面取り e	ざぐり径 D'	ねじの呼び径	ボルト穴径 d_h				面取り e	ざぐり径 D'
	1級	2級	3級	4級(1)				1級	2級	3級	4級(1)		
1.0	1.1	1.2	1.3	—	0.2	3	30	31	33	35	36	1.7	62
1.2	1.3	1.4	1.5	—	0.2	4	33	34	36	38	40	1.7	66
1.4	1.5	1.6	1.8	—	0.2	4	36	37	39	42	43	1.7	72
1.6	1.7	1.8	2.0	—	0.2	5	39	40	42	45	46	1.7	76
※1.7	1.8	2.0	2.1	—	0.2	5	42	43	45	48	—	1.8	82
1.8	2.0	2.1	2.2	—	0.2	5	45	46	48	52	—	1.8	87
2.0	2.2	2.4	2.6	—	0.3	7	48	50	52	56	—	2.3	93
2.2	2.4	2.6	2.8	—	0.3	8	52	54	56	62	—	2.3	100
※2.3	2.5	2.7	2.9	—	0.3	8	56	58	62	66	—	3.5	110
2.5	2.7	2.9	3.1	—	0.3	8	60	62	66	70	—	3.5	115
※2.6	2.8	3.0	3.2	—	0.3	8	64	66	70	74	—	3.5	122
3.0	3.2	3.4	3.6	—	0.3	9	68	70	74	78	—	3.5	127
3.5	3.7	3.9	4.2	—	0.3	10	72	74	78	82	—	3.5	133
4.0	4.3	4.5	4.8	5.5	0.4	11	76	78	82	86	—	3.5	143
4.5	4.8	5.0	5.3	6.0	0.4	13	80	82	86	91	—	3.5	148
5.0	5.3	5.5	5.8	6.5	0.4	13	85	87	91	96	—	—	—
6.0	6.4	6.6	7.0	7.8	0.4	15	90	93	96	101	—	—	—
7.0	7.4	7.6	8.0	—	0.4	18	95	98	101	107	—	—	—
8.0	8.4	9.0	10.0	10.0	0.6	20	100	104	107	112	—	—	—
10.0	10.5	11.0	12.0	13.0	0.6	24	105	109	112	117	—	—	—
12.0	13.0	13.5	14.5	15.0	1.1	28	110	114	117	122	—	—	—
14.0	15.0	15.5	16.5	17.0	1.1	32	115	119	122	127	—	—	—
16.0	17.0	17.5	18.5	20.0	1.1	35	120	124	127	132	—	—	—
18.0	19.0	20.0	21.0	22.0	1.1	39	125	129	132	137	—	—	—
20.0	21.0	22.0	24.0	25.0	1.2	43	130	134	137	144	—	—	—
22.0	23.0	24.0	26.0	27.0	1.2	46	140	144	147	155	—	—	—
24.0	25.0	26.0	28.0	29.0	1.2	50	150	155	158	165	—	—	—
27.0	28.0	30.0	32.0	33.0	1.7	55							

10・2　歯車製図

1.　歯車について

　歯車は，一般に円板の円筒面に，等間隔に歯を刻んだもので，10・30図のように2個の歯車をかみ合わせ，一方を回転させると，双方の歯がつぎつぎにかみ合って，2軸の間に回転運動を伝達させることができる．

　歯車の起源は，ねじとともに古く，すでにアリストテレス（B.C. 384～322）の著書にも著されているほどであるが，歯車の歴史にもまたレオナルド・ダ・ヴィン

チの名前が登場する．10・31図は，彼のスケッチになる各種の歯車であり，すでに今日用いられている歯車のほとんどが勢ぞろいしている．

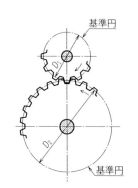

10・30図　かみ合う2個の歯車

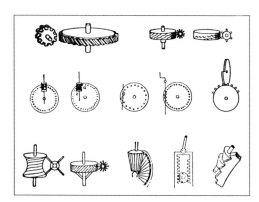

10・31図　ダ・ヴィンチの考案した各種の歯車

10・5表　歯車の分類

2軸の関係	種　　類	用いられる歯車
2軸が平行な場合	円筒歯車，ラック	平歯車，はすば歯車，やまば歯車，ラック
2軸が交差する場合	かさ歯車	すぐばかさ歯車，はすばかさ歯車，まがりばかさ歯車
2軸が平行でなく，交わらない場合	食違い軸歯車	ねじ歯車，ハイポイドギヤ対，ウォームおよびウォームホイール（ウォームギヤ対）

〔注〕　かみ合う1組の歯車のうち，大きい方をギヤ，小さい方をピニオンという．

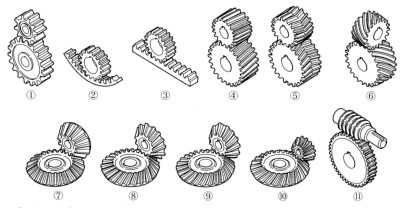

① 平歯車　② 内歯車　③ ラックとピニオン　④ はすば歯車　⑤ やまば歯車　⑥ ねじ歯車
⑦ すぐばかさ歯車　⑧ はすばかさ歯車　⑨ まがりばかさ歯車　⑩ ハイポイドギヤ対
⑪ ウォームとウォームホイール（ウォームギヤ対）

10・32図　各種の歯車

しかし歯車の理論が完成され，これにもとづく効率のよい歯車がつくられるようになったのは，20世紀に入ってからのことであり，現在では非常に高性能の歯車が，容易に得られるようになった．

2. 歯車の種類

歯車は，原軸・従軸の2軸，あるいはそれ以上の軸の間に回転を伝達するものであるが，それらの軸の状態によって，10・5表に示すような種類がある．10・32図は，それらの形状を示したものである．

3. 歯形各部の名称

10・33図は，歯形各部の名称を示したものである．

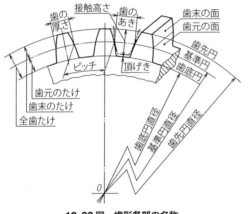

10・6表 モジュールの標準値（mm）

I	II	I	II
1	1.125	8	9
1.25	1.357	10	11
1.5	1.75	12	14
2	2.25	16	18
2.5	2.75	20	22
3	3.50	25	28
4	4.5	32	36
5	5.5	40	45
6	(6.5)	50	
	7		

〔備考〕 I列を優先して用い，必要に応じてII列を用いる．

10・33図 歯形各部の名称

なお，歯形の大きさは，同図の歯末のたけで表し，これを**モジュール**といい，m で表す．モジュールの大きさは，JISでは10・6表のような種類が定められている．このモジュールは，**歯車の基準円直径**（d_0）を，**歯数**（z）で割ったものに等しい．

4. 歯車の歯形曲線

歯車の歯を構成する曲線には，原軸から従軸に等速で伝動を行うことができるように，10・34図および10・35図に示すような**サイクロイド曲線**あるいは**イ**

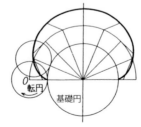

10・34図 サイクロイド曲線

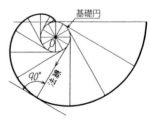

10・35図 インボリュート曲線

ンボリュート曲線を用いている.

　サイクロイド曲線とは，図示のように，基礎円に外接する転円上の一点が描く軌跡であり，またインボリュート曲線とは，その転円の直径が無限大，すなわち円でなく直線になったとき，その上の一点が描く軌跡である.

　これらの二つの曲線は，いずれも等速運動を伝達するのに適しているが，前者は中心距離が正確であることを必要とするのに対し，後者は多少不正確でも角速度比が変わらず，かつ加工しやすく，また互換性にもすぐれているので，現在ではほとんどの工業用歯車は，インボリュート曲線を用いている．インボリュート曲線を歯形に用いた歯車を，**インボリュート歯車**という．

5. 歯形の創成

　このようなインボリュート歯車は，以前には，10・36図に示すように，歯溝の形を有する刃物によって歯切りを行っていた．これを**成形歯切り**という．この方法は，特殊な歯切り盤を用いなくても，普通のフライス盤や研削盤で歯切りを行うことができるが，歯車の歯数やモジュールによって，多くの種類の刃物をそろえなければならないという欠点がある．

　これに対し，10・37図のように，ラックの形状をした刃物を用いて，歯車素材をこれに転がるようにして歯切りを行う方法を，**創成歯切り**という．これは，インボリュート曲線が，その基礎円の直径が

10・36図 成形歯切り

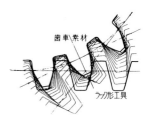

10・37図 創成歯切り

無限大となったときに，直線，すなわちラックの形状となるのを利用したもので，モジュールが等しい歯車であれば，1個の刃物によって，あらゆる歯数の歯車の歯切りができるという特長を有している．

　このように，インボリュート歯車の歯形は，歯数に関係なく，ラックの形で示すことができるという，たいへん便利な性質をもっているということがわかる．これを**基準ラック**といい，JISでは10・38図のようにモジュールを基準にして基準ラックの各部の寸法を定めている．同図中 a は，圧力角と呼ばれ，この値を20°に定めている．

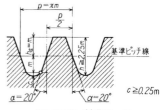

10・38図 基準ラック

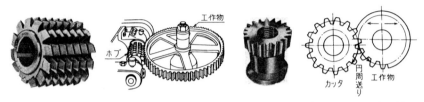

| 10・39図 ホブと加工法 | 10・40図 ピニオンカッタと加工法 |

なお創成歯切りは，ラック形の工具（ラックカッタという）のほか，10・39図のようなねじ状の工具（ホブという）や，10・40図のようなピニオン形の工具（ピニオンカッタという）も用いられている．

6. 標準歯車と転位歯車

上記のような創成歯切りにおいては，歯車の歯数の少ないものでは，10・41図のように，歯の根元がえぐられてしまう．このような現象を**アンダカット**という．

このようなアンダカットを受けると，歯の強度が低下するから，これを防ぐために，一般につぎのような方法がとられる．

10・42図は，工具の基準ピッチ線が，歯車素材の基準円に理想的に転がり接触をするように歯切りされた場合で，このような歯車を**標準歯車**という．

10・41図 アンダカット

これに対し，10・43図のように，工具の基準ピッチ線を xm，すなわちモジュールの x 倍だけ，標準位置からずらせて歯切りを行っても，やはり同じ歯数のインボリュート歯車が創成できる．これを，**工具を転位する**といい，転位された歯車を**転位歯車**という．転位歯車は，標準歯車におけるインボリュート曲線の，転位された分だけ先の曲線を用いていることになり，歯の根元の幅を大きくすることができる．この xm を**転位量**，x を**転位係数**という．

転位歯車では，アンダカットを避けること

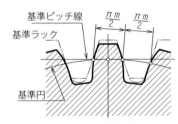

10・42図 標準歯車

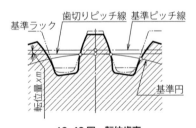

10・43図 転位歯車

ができるほか，基準円が増大するので，これを利用して，転位量を変化することによって両歯車の中心距離を変化させることができる．一般に標準歯車では，歯数により中心距離がきまってしまうので，これは非常に有効な方法である．したがって中心距離を変えたくない場合には，大歯車の方をその分だけ逆の方に転位する，すなわち**負の転位**を行えばよい．

このように，インボリュート歯車は，創成歯切りおよび転位歯切りの技術が確立したことにより，飛躍的な進歩をとげたのである．

7. 歯車の図示法について

インボリュート歯車の製図については，**歯車製図**（JIS B 0003）に規定された略画法を用いて図示することになっている．この場合の線の使用法をつぎに列記する（10・44 図）．

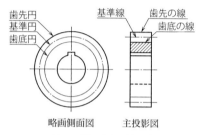

10・44 図 歯車の略画法

歯先円……太い実線

基準円……細い一点鎖線

歯底円……細い実線

歯すじ方向……3 本の細い実線

上記のうち，歯底円は，軸に直角な方向から見た図（主投影図，丸く表れない方の図）で，断面にして表す場合には，太い実線で表す．これは，歯車の歯は切断して図示してはならないからである．なお，かさ歯車やウォームホイールの軸方向から見た図（側面図）では，この歯底円は省略することになっている．

8. かみ合う歯車の図示法

10・45 図は，かみ合っている 1 対の歯車の図示法を示したものである．同図に示すように主投影図を断面で表すには，かみ合い部の一方の歯先円を示す線は，**破線**（図中Ⓐ）としなければならない．なお側面図の方では双方とも太い実線（図中Ⓑ）で示す．

また 10・46 図は，かみ合う一対の歯車の省略図を示したものであるが，このような図示法は

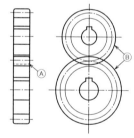

10・45 図 かみ合う 1 対の歯車

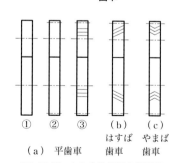

10・46 図 かみ合う歯車の省略画

組立図などに用いるもので，基準円，歯底円などを，適宜省略してよい．なお必要があれば，**歯すじ方向**を示す平行な3本の細い実線を引いて，それぞれ平歯車，はすば歯車およびやまば歯車であることを示すことができる．ただし主投影図を断面図で示す場合には，この歯すじ方向は，**紙面の手前の歯すじ方向**を想像線（二点鎖線）を用いて示すことになっている．

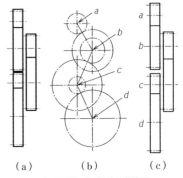

10·47図　歯車列の省略画

一連の歯車の組合っている状態（これを**歯車列**という）を図示する場合，主投影図を正しく投影して図示すると図(a)となるが，中心間の実距離が表せないので，図(c)のように回転投影図の要領で，主投影図の軸心が一直線上になるように展開して描くのがよい（10·47図）．

10·48図は，各種歯車の省略画法を示したものである．

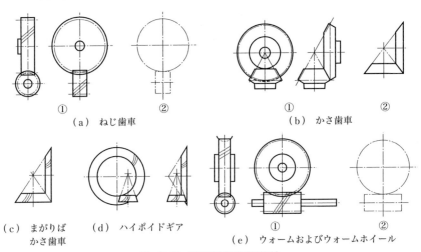

10·48図　各種歯車の省略図示法

9. 歯車の製作図

歯車を製作するのに用いる図面の場合には，10·49図に示すように，図と要目表を併用して，必要な事項をもれなく明記するように定められている．すなわち図には主として歯車素材（**ブランク**という）を製作するのに必要な寸法を記入し，要目表には歯切り，検査，組立に必要な事項を記載することとしている．

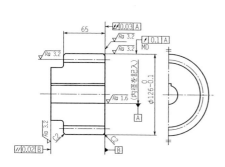
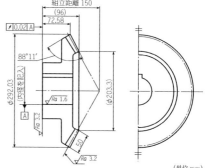

平歯車			
歯車歯形	転位	仕上方法	ホブ切り
基準ラック 歯形	並歯	精度	JIS B 1702-1 7級
モジュール	6		JIS B 1702-2 8級
圧力角	20°	参考データ 相手歯車歯数	50
歯数	18	相手歯車転位量	0
基準円直径	108	中心距離	207
転位量	+3.16	バックラッシ	0.20〜0.89
全歯たけ	13.34	材料	
		熱処理	
歯厚 またぎ歯厚	−0.08 47.96−0.38 (またぎ歯数＝3)	硬さ	

10・49図　平歯車の製作図例

すぐばかさ歯車				
区別	大歯車	(小歯車)	区別	大歯車 (小歯車)
モジュール	6		測定位置	外端歯先円部
圧力角	20°		弦歯厚	−0.10 8.08−0.15
歯数	48	(27)	弦歯たけ	4.18
軸角	90°		仕上方法	切削
基準円直径	288	(162)	精度	JIS B 1704 4級
歯たけ	13.13		参考データ バックラッシ	0.2〜0.5
歯末のたけ	4.11		歯当たり	JGMA 1002-01区分 B
歯元のたけ	9.02		材料	SCM 420 H
外端円すい距離	165.22		熱処理	
基準円すい角	60°39′	(29°21′)	有効硬化層深さ	0.9〜1.4
歯底円すい角	57°32′		硬さ（表面）	HRC 60±3
歯先円すい角	62°28′			

10・50図　すぐばかさ歯車の製作図例

10・3　ばね製図

1. ばねについて

　ばねも，人類にとっては古代からつきあいの深いものであって，弓矢として使われたり，わなをかけるのにも使われたりした．もちろん現在でも広く使用されてお

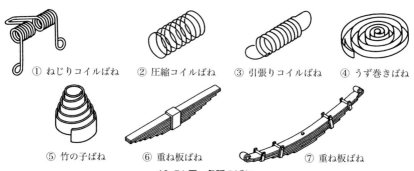

①　ねじりコイルばね　　②　圧縮コイルばね　　③　引張りコイルばね　　④　うず巻きばね

⑤　竹の子ばね　　⑥　重ね板ばね　　⑦　重ね板ばね

10・51図　各種のばね

り，その形状から分類すると，線ばね，板ばねがあり，前者でなじみ深いものは針金をらせん状に巻いたコイルばねであって，これにはさらに力のかかる方向により，**圧縮コイルばね**，**引張りコイルばね**，ならびに**ねじりコイルばね**がある．

また後者の板ばねには，ぜんまいなどのような単板のばねと，自動車などでおなじみの**重ね板ばね**，その他のものがある（10・51図）．

ばねは比較的成形が自由であるから，特殊なものを除いて，形状寸法などの規定のあるものは少ないが，ねじ，歯車と同様，実形どおり描くには手数を要するので，省略画法を用いることが**ばね製図**（JIS B 0004）によって定められている．

2. コイルばねの図示法

10・52図は，コイルばねの略画法を示したものである．すなわちコイルの両端は同一傾斜の直線で示され，中間の同一形状部分は省略されて，コイル線径の中心線だけが細い一点鎖線で示されている[1]．なおコイルばねは，無荷重の状態で描くのが標準とされている．

組立図などの場合は，同図(e)のように断面だけを示すか，同図(f)のように，材料の中心線を太い1本の実線で描いておけばよい．

なおコイルばねは製作図の場合には，歯車のときと同様に，図と要目表を併記して，必要な諸元をもれなく記入しておかなければならない（10・53図）．

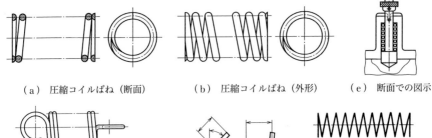

（a）圧縮コイルばね（断面） （b）圧縮コイルばね（外形） （e）断面での図示

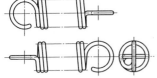

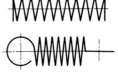

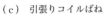

（c）引張りコイルばね （d）ねじりコイルばね （f）1本の実線による図示

10・52図 コイルばねの略画法

---

[1] 以前は，このような図示の場合，その同一形状部分は，それが外観図のときはコイルの外径を，断面図のときはコイルの内径と外径を，それぞれ想像線（細い一点鎖線）で結んでおくことになっていたが，1995年，このように改正された．

コイルばねも，ねじと同様に右巻きのものがふつうであって，ことわりのないものはすべて右巻きであるが，とくに必要があって左巻きばねを用いるときには，"**巻方向左**"と明記しておかなければならない．

圧縮コイルばねの場合には，一般にその両端部は 10·54 図に示すような形状に加工される．したがってクローズドエンドで両端部のばね素線が接触している部分は，ばねとしての作用を行わないから，総巻数からこの部分の巻数（約 1.5〜2）を差し引いたものを，**有効巻数**といって，ばねの計算にはこの巻数を用いている．

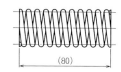

要 目 表

材　　料		SWOSC-V
材料の直径	mm	4
コイル平均径	mm	26
コイル外径	mm	30 ± 0.4
総巻数		11.5
座巻数		各 1
有効巻数		9.5
巻方向		右
自由高さ	mm	(80)
ばね定数	N/mm	15.0
指　定	高さ	mm	70
	高さ時の荷重	N	150 ± 10%
	応力	N/mm²	191
最大圧縮	高さ	mm	55
	高さ時の荷重	N	375
	応力	N/mm²	477
密着高さ	mm	(44)
先端厚さ	mm	(1)
コイル外側面の傾き		4 以下
コイル端部の形状		クローズドエンド（研削）
処理表面	成形後の表面加工	ショットピーニング
	防せい処理	防せい油塗布

10·53 図 コイルばねの製作図

(a) クローズドエンド（無研削）　(b) クローズドエンド（研削）　(c) クローズドエンド（テーパ）　(d) オープンエンド（研削）　(e) タンジェントテール　(f) ピッグテール

10·54 図 圧縮ばねのコイル端部の形状

3. 重ね板ばねの図示法

重ね板ばねは，通常長さの異なる数枚のばね板をそらせて重ねたものである．なぜこのように重ねるかというと，曲げ応力はばねの中心部分で最大になり，両端に行くに従って直線的に小さくなるから，もし 1 枚のばねでこれに対応するものを考えると 10·55 図(a)のようなひし形のものをつくればよいわけであるが，これでは面積がかさばるので，これを同図(b)のように細長く切って重ね合わせれば，同図(a)と同じ効果を持つことになる．重ね板ばねはこの原理を応用したものである．

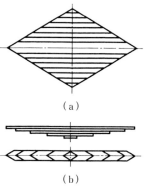

10·55 図 重ね板ばねの原理

さて，重ね板ばねを無荷重の状態で描くと，各ばね板にはそりが与えてあるから描きにくい．したがって，ばね製図規格では，原則として**ばね板が水平の状態**で描くことを定めている．しかし，参考のために，両端部の一部を，想像線を用いてその自由状態の位置に示しておくのがよい（10·56図）．

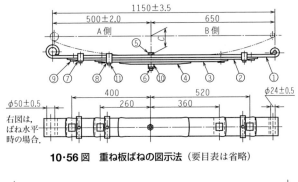

10·56図 重ね板ばねの図示法（要目表は省略）

10·57図 重ね板ばねの省略図

組立図などの場合には，10·57図のように，ばね材料の中心線を太い実線で描き表してもよい．

10·4 転がり軸受製図

1. 転がり軸受について

転がり軸受は，ねじやばねにくらべると，はるかに歴史は浅くなるが，それでも1588年パリで発刊されたA・ラメリ（1530～1590）という人の著書に，多数のころの上に乗った，内歯歯車が描かれている．

転がり軸受とは，玉（ボール）あるいはころ（ローラ）を転動体とする軸受であるが，転がり摩擦はすべり摩擦にくらべてはるかに小さいので，高速回転には欠かせないものである．現在では回転部分以外でも，広く使われるようになっている．

工業製品として転がり軸受がつくられるようになったのは，今世紀の初頭のことであって，その当時はそれこそ貴重品であり，玉軸受（ボールベアリング）使用ということが，

10·58図 転がり軸受の構成

製品を宣伝するためのキャッチフレーズにされたということである（10・58図）．

現在のような信頼性・耐久性のすぐれた高品質の転がり軸受がつくられるようになったのは，わが国においては戦後もしばらくたってのことであるが，いまでは諸外国の製品に比較しても決して劣らない品質のものが，多種にわたって量産されている．

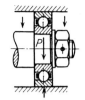 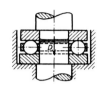

（a）ラジアル軸受　　（b）スラスト軸受
10・59図　ラジアル軸受とスラスト軸受

転がり軸受は，荷重の受け方によって10・59図に示すように，**ラジアル軸受**と**スラスト軸受**に大別される．

2. 転がり軸受の種類

転がり軸受には，さまざまな種類のものがある（10・13表，127ページ参照）が，このほかに，たとえば深溝玉軸受だけについてみても，10・60図に示すような種類があり，また各寸法，各等級その他のものを一つ一つ数えると，50000〜70000という，信じられないほどの種類のものが生産されているといわれている．

（a）開放形　（b）片シールド　（c）両シールド　（d）片シール　（e）両シール　（f）開放形輪溝付き

10・60図　深溝玉軸受の種類

3. 転がり軸受の主要寸法

特殊な場合のほか，転がり軸受は専門メーカーの製品をそのまま使用するので，使用するに際して直接必要な寸法は，軸受内径，軸受外径，幅（ラジアル軸受の場合）または高さ（スラスト軸受の場合），および面取り寸法であって，これら以外の詳細は必要でない．したがってJISでは，JIS B 1512-1〜6において，転がり軸受の主要寸法としてこれらのものを定めている（10・61図）．

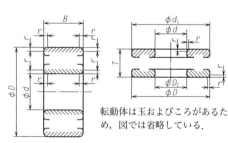

転動体は玉およびころがあるため，図では省略している．

（a）ラジアル軸受　　（b）単式平座スラスト軸受
　　（円筒穴）

10・61図　転がり軸受の主要寸法

JISによる転がり軸受の寸法は，**内径を基準**とし，これに対し種々な外径および幅（または高さ）を組合わせて，つぎのような各系列を用いて表すこととしている．

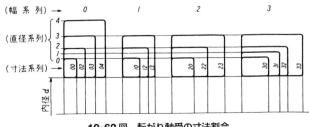

10·62図　転がり軸受の寸法割合

(1) 直径系列　同じ内径の転がり軸受では，外径が大きいほど，重荷重に耐える．直径系列とは，軸受内径に対する軸受外径の大きさの系列を表すもので，7，8，9，0，1，2，3，および4の8系列があり，この順で外径が大きくなる．

(2) 幅（または高さ）系列　同じ内径，同じ外径の軸受では，幅（または高さ）が大きいほど，重荷重に耐える．幅（または高さ）系列とは，同じ軸受内径，同じ軸受外径に対して，幅（または高さ）の系列を示すもので，8，0，1，2，3，4，5および6の8系列があり，この順で幅（または高さ）が大きくなる．

(3) 寸法系列　上記の幅（または高さ）系列と直径系列を組合わせたものを寸法系列といい，これらの系列を示す数字をこの順に並べて，2けたの数字で表す．

10·62図は，これらの組合わせを示したもので，たとえば幅系列1，直径系列3の場合には，寸法系列は13で表される．

10·7表　転がり軸受の呼び番号の配列

基本番号				補助記号				
軸受系列記号	内径番号	接触角記号	内部寸法記号	シール記号またはシールド記号	軌道輪形状記号	組合わせ記号	ラジアル内部すきま記号	精度等級記号

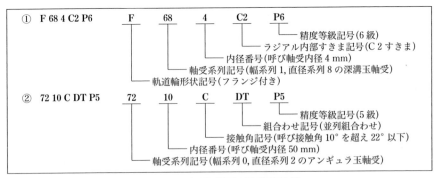

10·63図　転がり軸受の呼び番号の例

4. 転がり軸受の呼び番号

上記のように複雑多岐にわたる転がり軸受を表すのに，JIS ではこれを呼び番号によって表すこととしている．呼び番号は，10・7 表に示すように，基本番号および補助記号からなっているが，表中，接触角記号および補助記号は，該当するものだけを記し，該当しないものは省略する．なお，一部を省略する場合は，省略しない記号を順次繰り上げることになっている．

10・63 図は，呼び番号の例とその意味を示したものである．

これらの番号および記号は，つぎのように表されている．

10・8表 軸受系列記号の一覧

軸受形式	軸受系列記号	形式記号	寸法記号		軸受形式	軸受系列記号	形式記号	寸法記号	
			幅記号	直記径号				幅記号または高さ記号	直記径号
単列深溝玉軸受	68	6	(1)	8	複列円筒ころ軸受	NNU 49	NNU	4	9
	69		(1)	9		NN 30	NN	3	0
	60		(1)	0	針状ころ軸受	NA 48	NA	4	8
	62		(0)	2		NA 49		4	9
	63		(0)	3		NA 59		5	9
	64		(0)	4		NA 69		6	9
単列アンギュラ玉軸受	70	7	(1)	0	円すいころ軸受	320	3	2	0
	72		(0)	2		302		0	2
	73		(0)	3		322		2	2
	74		(0)	4		303		0	3
自動調心玉軸受	12	1	(0)	2		323		2	3
	13		(0)	3	自動調心ころ軸受	230	2	3	0
	22	2	(2)	2		231		3	1
	23		(2)	3		222		2	2
単列円筒ころ軸受	NU 10	NU	1	0		232		3	2
	NU 2		(0)	2		213(1)		0	3
	NU 22		2	2		223		2	3
	NU 3		(0)	3	平面座スラスト玉軸受	511	5	1	1
	NU 23		2	3		512		1	2
	NU 4		(0)	4		513		1	3
	NJ 2	NJ	(0)	2		514		1	4
	NJ 22		2	2		522		2	2
	NJ 3		(0)	3		523		2	3
	NJ 23		2	3		524		2	4
	NJ 4		(0)	4	スラスト自動調心ころ軸受	292	2	9	2
	N 2	N	(0)	2		293		9	3
	N 3		(0)	3		294		9	4
	N 4		(0)	4					
	NF 2	NF	(0)	2					
	NF 3		(0)	3					
	NF 4		(0)	4					

〔注〕 (1) 寸法系列からは 203 となるところであるが，慣用的に 213 となっている．
〔備考〕 幅記号欄中の ( ) で示した幅記号は省略されることになっている．

（1）軸受系列記号　軸受の各形式により，それぞれ形式記号が数字またはラテン文字によって定められており，これと前記の寸法記号を組合わせたものを，軸受系列記号という．

10・8表は，軸受系列記号を示したものであるが，寸法記号のうち，かっこに入れた幅記号は省略されることになっている．

（2）内径番号　軸受内径は，寸法数値でなく，番号で表される．これを内径番号という．10・9表にその一部を示すが，これはつぎのような方法で表す．

10・9表　内径番号（JIS B 1513）

内径番号	内径寸法(mm)	内径番号	内径寸法(mm)	内径番号	内径寸法(mm)	内径番号	内径寸法(mm)	内径番号	内径寸法(mm)
1	1	/22	22	16	80	38	190	92	460
2	2	05	25	17	85	40	200	96	480
3	3	/28	28	18	90	44	220	/500	500
4	4	06	30	19	95	48	240	/530	530
5	5	/32	32	20	100	52	260	/560	560
6	6	07	35	21	105	56	280	/600	600
7	7	08	40	22	110	60	300	/630	630
8	8	09	45	24	120	64	320	/670	670
9	9	10	50	26	10	68	340	/710	710
00	10	11	55	28	140	72	360	/750	750
01	11	12	60	30	150	76	380	/800	800
02	12	13	65	32	160	80	400	/850	850
03	13	14	70	34	170	84	420	/900	900
04	14	15	75	36	180	88	440	(以下略)	

① 内径20 mm以上500 mm未満のものは，その寸法数値を5で割った値（2けた）で表す．これは，この寸法範囲のものは，つぎの④に示す例外を除き，5 mmあるいはその整数倍とびのものがつくられているからである．

② 内径17，15，12および10 mmのものは，それぞれ03，02，01，00として表す．

③ 9 mm以下のものは，その寸法数値を内径番号とする．

④ 22，28，32および500 mm以上のものは，その寸法数値の前に斜線を付して，/22，/28，/32，/500のように表す．

10・64図　接触角

（3）接触角記号　単列アンギュラ玉軸受および円すいころ軸受には，接触角

10・10表　接触角記号（JIS B 1513）

軸受形式	呼び接触角	接触角記号
単列アンギュラ玉軸受	10°を超え22°以下	C
	22°を超え32°以下	A [1]
	32°を超え45°以下	B
円すいころ軸受	17°を超え24°以下	C
	24°を超え32°以下	D

〔注〕　[1]　Aは省略することができる．

(10・64図）が10・10表に示すように数種類あるので，それぞれの接触角記号を用いて表示しておくことが必要となる．

（4）補助記号 補助記号については，10・11表のように定められている．なお，転がり軸受の等級は，0級が最も精度が粗で，6級，5級，4級，2級の順で高くなる．

10・11表 補助記号とその内容（JIS B 1513）

仕様	記号	内容	仕様	記号	内容	仕様	記号	区分	仕様	記号	区分
内部寸法	J3[1]	主要寸法およびサブユニットの寸法がISO 355に一致するもの	軌道輪形状	なし	内輪円筒穴	組合せ	DB	背面組合わせ	精度等級	0級	なし
				F[1]	フランジ付き		DF	正面組合わせ		6X級	P6X
							DT	並列組合わせ		6級	P6
シールド・シール	UU[1]	両シール付き		K	内輪テーパ穴（基準テーパ比）	1/12	内部ラジアルすきま	C2	C2すきま		5級	P5
	U[1]	片シール付き		K30		1/30		CN[2]	CNすきま		4級	P4
	ZZ[1]	両シールド付き		N	輪溝付き			C3	C3すきま		2級	P2
	Z[1]	片シールド付き		NR	止め輪付き			C4	C4すきま	[1] 他の記号も可．|	
								C5	C5すきま	[2] 省略可．|	

5. 転がり軸受の図示法

転がり軸受は，専門メーカーの製品をそのまま使用するので，これを図示するには，正確にその寸法，形状どおりに描く必要はなく，定められた簡略図示法による．JISには，製図―転がり軸受（JIS B 0005-1～2）において，第1部：基本簡略図示方法，第2部：個別簡略図示方法が定められており，簡略の程度によってそのいずれかを用いることになっている．

（1）基本簡略図示法 一般的な目的のために転がり軸受を図示する場合（たとえば，軸受の形状や荷重特性などを正確に示す必要がない場合）には，10・65図（a）のように四角形で示し，かつその四角形の中央に直立した十字を描き，それが転がり軸受であることを示すことになっている．この十字は，外形線に接してはならない．

これらに用いる線は，図面の外形線として用いられる線と同一の太さの線で描けばよい．

なお，同図（b）は，転がり軸受の正確な外形を示す必要がある場合に用いる図示法を示したもので，その断面を実際に近い形状で示し，同様に，その中央に直立した十字を描いておけばよい．

10・66図は，軸受中心軸に対して軸受の両側を描く場合を示したものである．

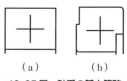

(a)　　　(b)

10・65図 軸受の基本簡略

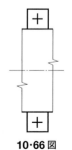

10・66図 転がり軸受の両側を描く場合

10・12表 転がり軸受の個別簡略図示法 (JIS B 0005)

(a) 玉軸受およびころ軸受

簡略図示	適用	
	玉軸受	ころ軸受
	図例および規格	図例および規格
┼	単列深溝玉軸受 (JIS B 1512) ユニット用玉軸受 (JIS B 1558)	単列円筒ころ軸受 (JIS B 1512)
┼┼	複列深溝玉軸受 (JIS B 1512)	複列円筒ころ軸受 (JIS B 1512)
	—	単列自動調心ころ軸受 (JIS B 1512)
	自動調心玉軸受 (JIS B 1512)	自動調心ころ軸受 (JIS B 1512)
／	単列アンギュラ玉軸受 (JIS B 1512)	単列円すいころ軸受 (JIS B 1512)

(b) 針状ころ軸受

簡略図示方法	図例および関連規格	
	内輪付き(またはなし)針状ころ軸受 (JIS B 1536-1)	ラジアル保持器付き針状ころ (JIS B 1536-3)
	複列内輪付きまたはなし針状ころ軸受	内輪なし複列シェル形針状ころ軸受 (JIS B 1536-2) / 複列ラジアル保持器付き針状ころ

(c) スラスト軸受

簡略図示	適用	
	玉軸受	ころ軸受
	図例および規格	図例および規格
┼	単式スラスト玉軸受 (JIS B 1512)	単式スラストころ軸受 スラスト保持器付き針状ころ (JIS B 1512) スラスト保持器付き円筒ころ (JIS B 1512)
┼┼	複式スラスト玉軸受 (JIS B 1512)	—
＞＜	複式スラストアンギュラ玉軸受	
	調心座付き単式スラスト玉軸受	
	調心座付き複式スラスト玉軸受	スラスト自動調心ころ軸受 (JIS B 1512)

軸受の簡略図示法においては，ハッチングは施さない方がよいが，必要な場合には，10・67図のように，同一方向のハッチングを施せばよい．

（2）個別簡略図示法 これは，転動体の列数とか調心の有無など，転がり軸受をより詳細に示す必要のある場合に用いるとされている．

10・67図 転がり軸受のハッチング

10・12表は，軸受の種類およびその簡略図示法を示したものである．

表の簡略図示法における図要素の意味は，つぎのとおりである．

① **長い実線の直線** この線は，調心できない転動体の軸線を示す．

② **長い実線の円弧** この線は，調心できる転動体の軸線，または調心輪・調心座金を示す．

③ **短い実線の直線** この線は，①の長い実線の直線に直交させ，転動体の列数および転動体の位置を示す．

この場合の線の種類は，基本簡略図示法の場合と同じく，外形線と同一の太さで描けばよい．

10・68図は，この簡略図示を用いた図例を示したもので，参考のため下半分はその断面を実際に近い形状で図示してある．

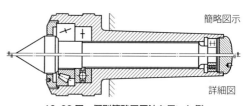

10・68図 個別簡略図示法を用いた例

6. 旧規格による転がり軸受の略画法

上記は，ISOに準拠して1999年に改正された簡略図示法を示したものであるが，1956年に制定され，今日まで使用されていた旧規格による略画法は，今までの図

10・13表 転がり軸受の略画法（旧規格）

	転がり軸受	深溝玉軸受	アンギュラ玉軸受	自動調心玉軸受	円筒ころ軸受				平面座スラスト玉軸受	
					NJ	NU	NF	N	NN	単式	複式
(1)	—	◯	◯	◯	▯	▯	▯	▯	▯▯	▯	▯▯
(2)	+	☲	⚡	◉	▫	▫	▫	▫	▫▫	▫	▫▫
(3)	╋	☰	⚡⚡	⦿⦿	▫▫	▫▫	▫▫	▫▫	▫▫▫	▫	▫▫

面や文献に残っているので，参考までに10・13表に示しておく．

これによれば，使用目的により，つぎの3種類に分けられている．

図示(1) 転がり軸受の輪郭と内部構造の概要を図示する場合．

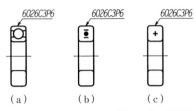

10・69図　呼び番号および等級記号の記入法

図示(2) 転がり軸受の輪郭と記号を図示する場合．

図示(3) 系統図などで，転がり軸受であることを記号だけで表示する場合．

なお，転がり軸受の呼び番号および等級記号を記入する場合には，10・69図に示すように，引出線を用いて記入すればよい．

10・5　軸および軸固着部品の図示法

一般に機械は，モータやエンジンなどの原動機から，回転という形でエネルギーの供給を受けて作動を行うので，そのエネルギーの授受には回転軸が用いられる．

またこれらの軸には，歯車やプーリその他の機械要素を取り付けることが多く，これらを軸に固着させるために，キー，ピン，止め輪などが用いられる．

1. 軸

(1) 軸とは　軸は一般に断面円形の棒でふつう**シャフト**と呼ばれるが，車軸のように主として曲げ応力を受けるものは**アクスル**といい，また旋盤の主軸のように短いものは**スピンドル**といっている．一般に中実軸であるが，中空軸が用いられることもあり，また必要に応じて段付き軸としたり，ねじ，溝あるいは穴を加工する場合がある．

このような軸の断面変化部では，断面積の減少の影響のほかに，10・70図に示すように，応力がその部分で異常に大きくなる（これを**応力集中**という）ために，強度が非常に低下する（これを**切欠き効果**という）ので，強度を必要とする軸では，急な断面変化を避けるか，あるいは段付き部に適切な丸みを設けるなどの注意が必要である．

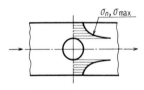

10・70図　応力集中

(2) センタ穴の図示法　軸は一般に旋削に

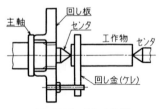

10・71図　センタ仕事

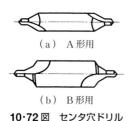

(a) A形用

(b) B形用

10・72図 センタ穴ドリル

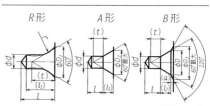

10・14表 センタ穴（JIS B 1011）

(単位 mm)

呼び d	種類				
	R形	A形		B形	
	D_1	D_2	t	D_3	t
(0.5)	—	1.06	0.5	1.6	0.5
(0.63)	—	1.32	0.6	2	0.6
(0.8)	—	1.7	0.7	2.5	0.7
1	2.12	2.12	0.9	3.15	0.9
(1.25)	2.65	2.65	1.1	4	1.1
1.6	3.35	3.35	1.4	5	1.4
2	4.25	4.25	1.8	6.3	1.8
2.5	5.3	5.3	2.2	8	2.2
3.15	6.7	6.7	2.8	10	2.8
4	8.5	8.5	3.5	12.5	3.5
(5)	10.6	10.6	4.4	16	4.4
6.3	13.2	13.2	5.5	18	5.5
(8)	17	17	7.0	22.4	7.0
10	21.2	21.2	8.7	28	8.7

よって加工されるが, ある程度長い軸では, その一端（または両端）を**センタ**という円すい状のものでささえて加工しなければならない. 旋盤では, このような加工を**センタ仕事**といっている. 10・71図は, 両端をセンタでささえた状態を示したものである.

このために, 軸の素材には, あらかじめ10・72図に示すようなセンタ穴ドリルで穴をうがっておかなければならない. この穴を**センタ穴**という.

10・14表はJISに定められたセンタ穴を示したもので, R形, A形およびB形のものがあるが, 工作図にこれらの正確な形状, 寸法をとくに示す必要がない場合, JISでは10・15表に示すような簡略図示法を定めているので, これによって簡単に指示することができる.

10・15表 センタ穴の図示法（JIS B 0041）

要求事項	記号	呼び方
センタ穴を最終仕上がり部品に残す場合		JIS B 0041-B2.5/8
センタ穴を最終仕上がり部品に残してもよい場合		JIS B 0041-B2.5/8
センタ穴を最終仕上がり部品に残してはならない場合		JIS B 0041-B2.5/8

ところで, このセンタ穴は, 工作上の便宜のためにあけられるもので, 完成品にこの穴を残すことを要求する場合, 残してもよいが基本的な要求ではない場合, および残してはならない場合の3通りがあるので, これらの区別を示すために, 同表の記号の欄に示すような指示法を用いればよい.

なお，センタ穴の呼び方は，つぎのように行うことになっている．
―この規格の規格番号
―センタ穴の種類の記号（R，A または B）
―パイロット穴径 d
―ざぐり穴径 D（$D_1 \sim D_3$）
この場合の二つの数値（d および D）を斜線で区切る．
〔例〕 $d = 2.5$ mm および $D_3 = 8$ mm をもつ B 形のセンタ穴の呼び方
JIS B 0041-B 2.5/8

2. キー

軸に歯車やプーリなどを固着する場合には，10・73 図のようなキーを用いることが多いが，このキーを入れるために軸およびハブに掘る溝をキー溝という．

キーには，その形状によって，平行キー，こう配キーおよび半月キーがある．

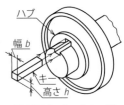

10・73 図 キーとキー溝

(1) 平行キー 10・74 図のように，軸とハブに共通のキー溝をつくり，これに 4 面とも平行なキーをはめ込むもので，JIS では平行キーおよびこれに用いるキー溝について，10・16 表のように，その形状および寸法を定めている．なお，平行キーの端部は，10・75 図のようにするが，指定がない場合は，両角形とする．

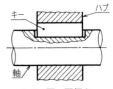

10・74 図 平行キー

平行キーにおいては，同表に示すように，キー幅 b の寸法許容差は h9 であるが，キー溝幅 b_1，b_2 には，その寸法許容差によって，普通形，締め込み形および滑動形がある．前 2 者は中間ばめあるいはしまりばめであり，キーは固定されるので，植込みキーとも呼ばれる．ちなみに，8 章で説明したはめあい方式は，丸い穴と軸だけでなく，キーのような平行 2 平面体の場

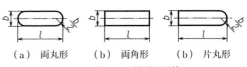

10・75 図 キー端部の形状

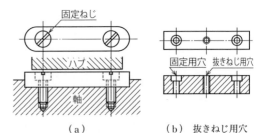

10・76 図 ねじ用穴付き平行キー

10·16表 平行キーならびに平行キー用キー溝の形状および寸法（JIS B 1301）

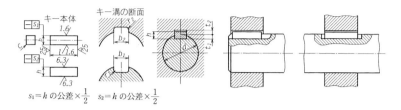

$s_1 = h$ の公差 $\times \dfrac{1}{2}$　　$s_2 = h$ の公差 $\times \dfrac{1}{2}$

キーの呼び寸法 $b \times h$	キーの寸法					キー溝の寸法				参考
	b 基準寸法	h 基準寸法	c	l	d_1	b_1, b_2 の基準寸法	r_1, r_2	t_1 の基準寸法	t_2 の基準寸法	t_1, t_2 の許容差	適応する軸径 d
2×2	2	2	0.16〜0.25	6〜20	—	2	0.08〜0.16	1.2	1.0	+0.10	6〜8
3×3	3	3		6〜36	—	3		1.8	1.4		8〜10
4×4	4	4		8〜45	—	4		2.5	1.8		10〜12
5×5	5	5	0.25〜0.40	10〜56	—	5	0.16〜0.25	3.0	2.3		12〜17
6×6	6	6		14〜70	—	6		3.5	2.8		17〜22
(7×7)	7	7		16〜80	—	7		4.0	3.3		20〜25
8×7	8	7		18〜90	6.0	8		4.0	3.3		22〜30
10×8	10	8		22〜110	6.0	10	0.25〜0.40	5.0	3.3		30〜38
12×8	12	8		28〜140	8.0	12		5.0	3.3		38〜44
14×9	14	9	0.40〜0.60	36〜160	10.0	14		5.5	3.8		44〜50
(15×10)	15	10		40〜180	10.0	15		5.0	5.3		50〜55
16×10	16	10		45〜180	10.0	16		6.0	4.3	+0.20	50〜58
18×11	18	11		50〜200	11.5	18		7.0	4.4		58〜65
20×12	20	12		56〜220	11.5	20		7.5	4.9		65〜75
22×14	22	14	0.60〜0.80	63〜250	11.5	22	0.40〜0.60	9.0	5.4		75〜85
(24×16)	24	16		70〜280	15.0	24		8.0	8.4		80〜90
25×14	25	14		70〜280	15.0	25		9.0	5.4		85〜95
28×16	28	16		80〜320	17.5	28		10.0	6.4		95〜110
32×18	32	18		90〜360	17.5	32		11.0	7.4		110〜130
(35×22)	35	22		100〜400	17.5	35		11.0	11.4		125〜140
36×20	36	20		—	20.0	36		12.0	8.4		130〜150
(38×24)	38	24	1.00〜1.20	—	17.5	38	0.70〜1.00	12.0	12.4		140〜160
40×22	40	22		—	20.0	40		13.0	9.4		150〜170
(42×26)	42	26		—	17.5	42		13.0	13.4		160〜180
45×25	45	25		—	20.0	45		15.0	10.4		170〜200
50×28	50	28		—	20.0	50		17.0	11.4	+0.30	200〜230
56×32	56	32	1.60〜2.00	—	20.0	56	1.20〜1.60	20.0	12.4		230〜260
63×32	63	32		—	20.0	63		20.0	12.4		260〜290
70×36	70	36		—	26.0	70		22.0	14.4		290〜330
80×40	80	40		—	26.0	80		25.0	15.4		330〜380
90×45	90	45	2.50〜3.00	—	32.0	90	2.00〜2.50	28.0	17.4		380〜440
100×50	100	50		—	32.0	100		31.0	19.5		440〜500

〔注〕 l は, 表の範囲内で, 次の中から選ぶ.
6, 8, 10, 12, 14, 16, 18, 20, 22, 25, 28, 32, 36, 40, 45, 50, 56, 63, 70, 80, 90, 100, 110, 125, 140, 160, 180, 200, 220, 250, 280, 320, 360, 400

〔備考〕 かっこを付けた呼び寸法のものは, 対応国際規格には規定されていないので, 新設計には使用しない.

キーおよびキー溝のはめあい.

種類	キー		キー溝				
	b	h	普通形		締込み形	滑動形	
			b_1	b_2	b_1, b_2	b_1	b_2
平行キー	h9	h9 (h11)	N9	JS9	P9	H9	D10

〔備考〕 かっこ内はキーの呼び寸法 8×7 以上に適用す.

合にも適用してよいことになっている．

これに対し滑動形では，すきまばめとされ，ハブが軸上を滑動できることが必要な場合に使用される．10・76図のように，キーが抜け出さないように，1～3個の小ねじによって軸に固定する．このようなキーをねじ用穴付き平行キーという（以前は滑りキーとかフェザーキーと呼ばれていた）．この場合，（b）図のように，別に抜きねじ用のねじ穴を設けておくと，キーを取り外すときに，この穴にねじをねじ込んでキーを浮かせることができる．

（2） こう配キー　これはこう配をつけたキーを用い，キーを打ち込んで固定するキーであって，10・77図に示すように，頭なしのものと，打ち込み，取り外しが容易なように頭付きのものがある．こう配キーでは，一般にキーの上側と，ハブの上面に1/100のこう配をつけるが，打ち込み時のくさび作用のため，軸とハブ穴が偏心するおそれがあるので注意をする．

（3） 半月キー　これはその名称のように，半月の形をしたキーで，ウッドラフキーとも呼ばれる．軸のキー溝も円弧状に掘られるため，軸とハブのはめあいは自動的に行われるという長所があるが，その反面，キー溝が深いために，軸の切欠き効果が大きくなるという欠点があり，大荷重の場合には向かないが，テーパ軸などの場合に好んで用いられる．

10・78図は，半月キーおよびキー溝を示したものである．キーのWAは主として切削加工によるもの，WBは主としてプレス加工など打抜き加工によって製作されるものである．

（4） キー溝の図示法　軸のキー溝を図示するには，10・79図のように，キー溝の幅，深さ，長さおよび位置を示せばよいわけであるが，溝の深さの表し方には，

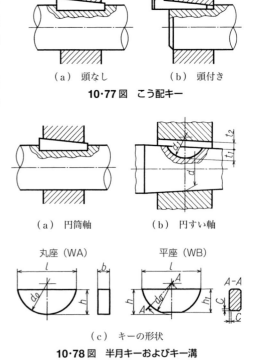

（a）頭なし　　（b）頭付き
10・77図　こう配キー

（a）円筒軸　　（b）円すい軸

丸座（WA）　　平座（WB）
（c）キーの形状
10・78図　半月キーおよびキー溝

同図のように，キー溝の底部から，その反対側の軸径面までの寸法を表す場合と，10·80図のように，キー溝の中心面上における軸径面から，キー溝の底までの寸法で表す場合とがある．前者は直接深さ寸法を測定する場合には便利であるが，後者は工具の切込み深さで示されるので，工作上はこの方が便利である．

ハブのキー溝においても同様である〔10·81図(a)の①，②〕が，こう配キーを用いる場合，こう配はハブ側の溝に設けるため，キー溝の深さは，(a)図③に示すように，溝の深い方の側の寸法によって示すことが必要である．

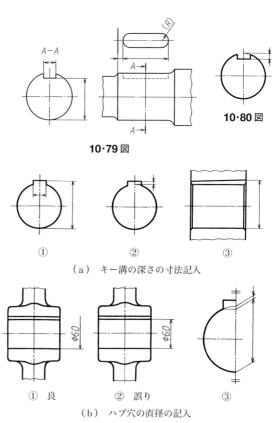

10·79図

10·80図

(a) キー溝の深さの寸法記入

① 良　② 誤り　③
(b) ハブ穴の直径の記入
10·81図　ハブのキー溝の寸法記入

なお，キー溝をもつハブ穴に穴の直径の寸法を，穴の断面図の方に記入する場合，(b)図①に示すように，溝のない方にだけ矢を付け，反対側は矢をつけてはならない．これは(b)図②のように描くと，(b)図③に示すように，穴の底からキー溝の下側までの寸法を示すことになるからである．

10·6　軸継手の図示法

二つの軸，たとえばモータ軸と作業機の回転軸を連結する場合に用いる機械要素を軸継手という．軸継手には，2軸を完全に一体化する固定軸継手と，ある程度のたわみを許すたわみ軸継手，さらには2軸が傾斜している場合に用いる自在継手その他のものがある．

1. 固定軸継手

固定軸継手のうちで，最も多く用いられるものは，10・82図のようなフランジ形軸継手である．これは，両軸端にフランジをキーで固定し，この両フランジを数個のボルト・ナットで締め付けて固定するもので，JISでは，JIS B 1451にフランジ形固定軸継手を規定している．図に示したものでは，両フランジ面に互いにはまり合うはめ込み部（**いんろう部**とも

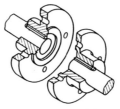

10・82図 フランジ形固定軸継手

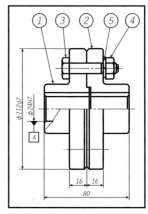

10・83図 フランジ形固定軸継手の組立図

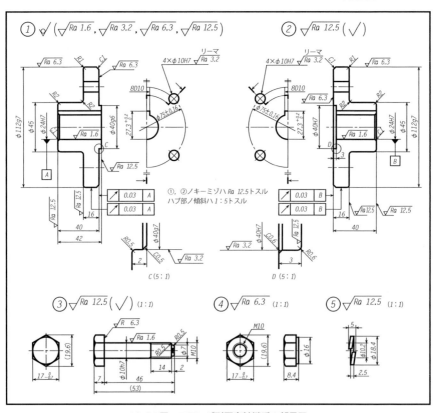

10・84図 フランジ形固定軸継手の部品図

いう）がつくられており，この部分のはめあいによって中心合わせを行うようにしてあるが，ボルト穴およびボルトの精度が高い場合には，はめ込み部は設けなくともよいことになっている．

10・83図は，上記の規格にもとづいた固定軸継手の組立図の例であり，また10・84図はこれら各部品の製作図を示したものである．

本図では，いままで各章において学んださまざまな製図上の表現が用いられているので，まとめという意味も含めて，その細部にわたって説明する．

（1） はめあい記号　10・84図では，上述のはめ込み部のほか，ボルト穴，ボルト軸部，継手軸穴および継手外径について公差域クラスが指定されている．

はめ込み部は部品図①，②の部分拡大図により別個に図示されている．H 7/g 7のやや高級なすきまばめである．これはその目的が正確な中心合わせということから理解できる．

ボルト穴およびボルト軸は，H 7/h 7 という中間ばめである．固定軸継手では，トルクは，フランジ面の摩擦力だけでなく，このボルトの受けるせん断力によって伝えられるため，穴はリーマ仕上げが施されており，ボルトの方もそれにふさわしい精度が与えられている．このようなリーマ穴に用いる高精度のボルトを**リーマボルト**と呼んでいる．

継手軸穴のH 7は当然としても，はめあいの対象とならない継手外径にg 7という記入が行われているのはなぜかというと，固定軸継手の市販品には軸穴の仕上加工がされていない場合が多く，購入後必要な軸径に再加工を行うため，その場合の穴ぐりの心出しはこの部分を基準（データム）として行うほかはないので，g 7という精度を与えたものである．

（2） 幾何公差　部品図①，②には，幾何公差も記入してある．この場合のデータムAおよびBには，そのデータム三角記号がそれぞれ軸径の寸法線に当てられているから，9章9・1節で学んだように，その軸心をデータムとして，円周振れ公差が指定されていることがわかる．

図中における振れ公差は，継手外径および継手面に対して，それぞれ0.03 mm の公差域を与えている．したがって

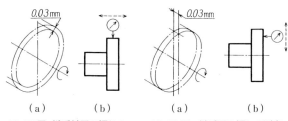

10・85図　継手外周の振れの測定　　10・86図　継手面の振れの測定

それぞれの面は，10・85図および10・86図に示すような領域内に納まっていなければならない．なお図中の⑦の記号は，この幾何公差を検証する場合の測定器（この場合はダイヤルゲージなど），およびそれを当てる方向を示し，←－－→の記号は，その測定器をその方向に移動させて測定することを示したものである．

（3）表面性状 10・84図の部品①および②は，鋳造あるいは鍛造によってつくられるため，大部分の面は生地のままであり，除去加工を受ける面だけにその表面粗さが記入されている．したがって図の上部に除去加工を禁じる表面性状の図示記号をやや大きく示し，そのあとに，他の加工部分があることを示すために，表面性状の図示記号だけをかっこに入れて記入したものである．

なお，ハブ部にはいくらかの傾斜をもたせておくことになる．この部分は除去加工を行わないので，鋳造または鍛造を行ったあと型から抜けやすくするためにつけられたこう配（テーパ）がそのまま残ることになる．

このような目的でつけられる傾斜を，**抜けこう配**という．

2. たわみ軸継手

一般に軸継手は，中心合わせがむずかしく，これが原因で運転中振動を生じたり，はなはだしい場合は破壊してしまうことがある．そこで両継手の間にゴムその他のものを介在させ，中心不一致による振動を吸収させるたわみ軸継手を用いることが多い（付録の付図3，付表2参照）．

JISに規定されたたわみ軸継手には，フランジ形たわみ軸継手，ゴム継手，歯車形軸継手およびローラチェーン軸継手その他のものがある．

3. 自在継手

2軸が，ある角度（一般的には45°以内）で交わる場合のトルクの伝達には，自在継手が用いられる．自在継手は**フックの継手**とも呼ばれ，ふつう10・87図に示したような構造であるが，1個の自在継手では，軸の傾斜角のために，両端の回転速比に差が生じるので，10・88図のように2個の自在継手を中間軸を介して連結すれば，互いに補正しあって，等速な回転を伝えることができる．

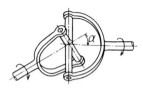

10・87図　フックの自在継手

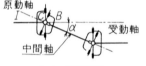

（a）両軸平行

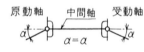

（b）両軸反対方向

10・88図　中間軸

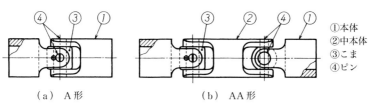

(a) A形　　　　　　　(b) AA形

①本体
②中本体
③こま
④ピン

10・89図　こま形自在軸継手（JIS B 1454）

JISでは，一般の機械に用いるこま形自在継手（JIS B 1454）を規定している．10・89図(a)は単式のもの，同図(b)は複式のものであるが，後者では中間軸を内蔵しているから，両軸間の回転速度は等速となる．

10・7　溶接継手の図示法

溶接とは，二つ以上の金属を，種々な熱源により溶融固着させて，永久的に結合を行うもので，溶接により接合させた継手（つぎて）を**溶接継手**という（10・90図）．

溶接には，その加熱の方法によって，アーク溶接，抵抗溶接その他のものがあるが，アーク溶接が圧倒的に優位を占めている．

一方，溶接継手では，接合すべき金属（これを**母材**という）の端部を，いろいろな形状に加工して，これらを適切に組合わせ，その中間に溶融金属を満たして溶接を行うので，その端部の加工形状がきわめて重要になる．このように母材の端部を溶接に適切なように加工することを，**開先**（かいさき）加工を行うという．この加工によって得られた形状を開先形状（10・91図）といい，削りとられた部分の寸法を**開先寸法**という．開先の形状およびその寸法は，継手の強度に大きく影響するので慎重に決定される．

(a) 突合わせ継手　(b) 当て金継手　(c) 重ね継手

(d) T継手　　(e) かど継手　(f) へり継手

10・90図　溶接継手の種類

(a) I形　　　(b) V形　　　(c) X形

(d) U形　　(e) H形　　(f) 平刃形

(g) 片刃形　(h) 両刃形　(i) プラグ形

10・91図　開先形状のいろいろ

なお，開先溶接において，溶接表面から溶接底面までの距離（10・92図中の s）のことを**溶接深さ**といい，完全溶込み溶接では板厚（いたあつ）に等しい〔同図(a)〕．

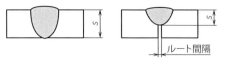

10・92図　溶接深さ

また，母材間の最短距離のことを**ルート間隔**という〔同図(b)〕．

このように，溶接継手を指示するには，この開先形状およびその寸法を明示しておかなければならないが，これらを示すには，**溶接記号**（JIS Z 3021）の規定にしたがってこれを図中に記入すればよい．

1. 溶接記号の構成

（1） 記号の位置　基線とは，溶接部から引き出してその溶接の方法ならびに位置を表示するために用いる引出線であって，10・93図に示すように，**基線**，**矢**，**溶接部記号**，**尾**で構成される．矢は基線に対し，なるべく60°の直線とする．矢は基線のどちらの端に付けてもよく，必要があれば一端から2本以上付けてもよい．ただし，基線の両端に付けることはできない．

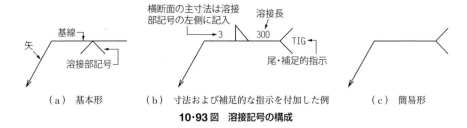

10・93図　溶接記号の構成

なお，同図(c)の簡易形のように，溶接記号に矢と尾のみで溶接部記号などが示されていないときは，この継手は，ただ単に溶接継手であることだけを示している．

（2） 基本記号　10・17表は，JISに定められた**溶接部記号**を示したものである．同表でわかるように，この基本記号は，溶接部の実形を模してつくられており，これらの記号は，つぎに述べる基線の上または下，あるいは両側にまたがって記入することになっている．同表(a)中の記号は基線の下側の位置を示したものであるが，上側に記入する場合には，これと対称の形に描かなければならない．

基本記号は，10・94図に示すように，基線の部分に記入するわけであるが，矢に対する溶接の側が，矢の側または手前側にあるときは，同図(a)のように基線の下に記入し，矢の反対側または向こう側にあるときは，同図(b)のように基線の上

10·17表 溶接部記号（記号欄の-----は基線を示す）

(a) 基本記号

名 称	記 号	名 称	記 号	名 称	記 号
I形開先		レ形フレア溶接		キーホール溶接	
V形開先		へり溶接		スポット溶接 プロジェクション溶接	
レ形開先		隅肉溶接*			
J形開先		プラグ溶接 スロット溶接		シーム溶接	
U形開先		ビード溶接		スカーフ継手	
V形フレア溶接		肉盛溶接		スタッド溶接	

〔注〕* 千鳥断続隅肉溶接の場合は，補足の記号 または を用いてもよい．

(b) 対称的な溶接部の組合わせ記号

名 称	記 号	名 称	記 号	名 称	記 号
X形開先		両面J形開先		X形フレア溶接	
K形開先		H形開先		K形フレア溶接	

側に記入するのである．したがって両側溶接の場合，たとえばX形，K形，H形などでは，記号は基線にまたがって対称に記入することになる．

同図(c)は，スポット溶接の例である．

上下で異なる溶接を組み合わせるときは，10·95図のように，それらの記号をそれぞれ上下に記入すればよい．また，これらの溶接部記号以外に指示を付加する必要があるときは，10·93図(b)や10·95図(b)のように，基線の矢と反対側の端に，基線に対して上下45°の角度で開いた尾を付けて，この中に指示を記入すればよい．

基線は，通常水平線とし，その一端に矢を

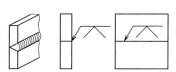

(a) 矢の側／手前側

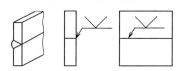

(b) 矢の反対側／向こう側

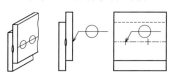

(c) 溶接部が接触面に形成される場合

10·94図 基線に対する溶接部記号の位置（投影法は第三角法）

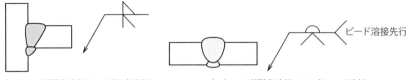

(a) レ形開先溶接および隅肉溶接　　　(b) Ｖ形開先溶接およびビード溶接

10·95 図　組合わせ記号の例

付けるが，二つ以上の部分で同一溶接を行う場合には，2本以上の矢を付けてもよい．ただしこの場合，基線の一方の端部に矢を付け，両端から矢を出してはならない．

なお基線は，必要があれば水平から離れて傾けてもよいが，垂直に近くなると基線の上下関係があいまいになるので，10·96 図のハッチングで示した範囲には使用してはならない．

また，母材の片側にだけ開先加工を行う溶接，たとえばレ形とかＫ形では，どちらの材に開先をとるかが問題になるので，これらの溶接では，10·97 図に示すように，矢を折れ線にして，開先をとる材に矢の先端を向け，かつ基線は開先をとる材の側に記入することになっている．したがって1本の基線から何本かの矢を引き出す場合，これらの関係があいまいにならないよう，注意が必要である．

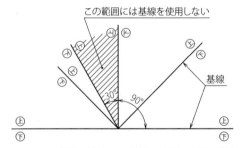

10·96 図　基線の位置および基線の上側・下側の定義

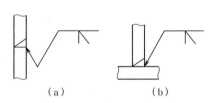

(a)　　　　　　　(b)

10·97 図　開先をとる面の指定

10·18 表　補助記号（記号欄の-----は基線を示す）

名称	記号	名称	記号	名称		記号
裏波溶接	🌓	平ら仕上げ	-----	仕上げ方法	チッピング	C
裏当て*	⊓	凸形仕上げ	⌒		グラインダ	G
全周溶接	○	へこみ仕上げ	⌣		切削	M
現場溶接	⚑	止端仕上げ	⌣⌣		研磨	P

〔注〕* 裏当ての材料，取外しなどを指示するときは，尾に記載する．

10・7 溶接継手

（3）補助記号 基本記号のほかに、規格では10・18表のような補助記号が定められている。

10・98図(a)は、溶接をその記号を図示された部分の全周にわたって行うこと、また同図(b)は、その溶接を工事現場において行うことを指示するものである。いずれも補助記号を、矢と基線の交点に記入しておく。

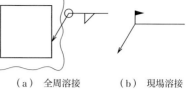

(a) 全周溶接　　(b) 現場溶接
10・98図　全周溶接と現場溶接

2. 寸法の指示

10・99図は、溶接記号における寸法の記入例を示したものである。

10・99図　開先溶接の断面寸法

開先溶接の断面主寸法は"開先深さ"および"溶接深さ"か、またはそのいずれかで示される。溶接深さ12 mmは、開先深さ10 mmに続けてかっこに入れて（12）と記入する。次に ⋎ 記号の中にルート間隔2 mmを、さらにその上に開先角度60°を記入する。さらに指示事項があるときは、尾を付け、それに適宜記入すればよい。

3. 溶接記号の使用例

10・19表に、主な溶接の種類における溶接記号の使用例を示しておく。

10・19表　溶接記号の使用例

溶接部の説明	実形	記号表示	溶接部の説明	実形	記号表示
I形開先 ルート間隔 2 mm			レ形開先 部分溶込み溶接 開先深さ 10 mm 溶込み深さ 10 mm 開先角度 45°		
V形開先 部分溶込み溶接 開先深さ 5 mm 溶込み深さ 5 mm 開先角度 60° ルート間隔 0 mm			K形開先 開先深さ 10 mm 開先角度 45° ルート間隔 2 mm		
X形開先 開先深さ 　矢の側 16 mm 　反対側 9 mm 開先角度 　矢の側 60° 　反対側 90° ルート間隔 3 mm			隅肉溶接 縦板側脚長 6 mm 横板側脚長 12 mm		

11
図 面 管 理

11・1 図面管理について

　機械の製作図面は，その機械を製作する工場で用いられるほか，それに関連する他の作業部門や，事務部門にも同じ図面を発行するのが普通であるので，その発行，運用に当たって十分な管理を行う必要がある．もしこの管理がルーズになされると，重複，紛失，発行もれ，訂正もれなどが生じ，作業の流れに大きな支障をきたすことになる．

　このように，製図された図面を複製し，必要部署への配布を行い，必要に応じて訂正，廃却などの処置を，完全に把握した形で運用することを，**図面管理**という．

　以下，この章では，図面管理上とくに注意すべきことがらについて説明する．

11・2 図面の様式

　図面には，その管理の必要上，図形以外にも 11・1 表中の図に示すように，輪郭，表題欄その他のものを設け，その様式を一定に整えておかなければならない．JIS では，これらのうち，輪郭，表題欄および中心マークは必ず設けることとし，比較目盛，図示区域ならびに裁断マークは，なるべく設けるのがよいとしている．以下これらのものについて説明する．

1. 図面の大きさおよび輪郭

　規格では，図面（原図および複写した図面）の仕上がり寸法は JIS P 0138（紙加工仕上寸法）の A0～A4 によることにしている．ただし，やむをえない場合には，長手方向に（一般には整数倍に）延長して使用してもよい（11・1 表）．

　また図面には，その図面に盛り込む内容を記載する領域を明確にするとともに，用紙の損傷による記載事項の消失を防ぐために，その周囲に**輪郭**を設けておくこと

11·1表　図面の大きさの種類および輪郭の寸法

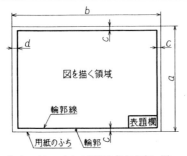 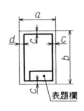

（a）A0〜A4で長辺を左右方向に置いた場合　　（b）A4で短辺を左右方向に置いた場合

（単位 mm）

呼び方	A列サイズ 寸法 ($a \times b$)	c（最小）	d（最小） とじない場合	d（最小） とじる場合	呼び方	延長サイズ 寸法 ($a \times b$)	c（最小）	d（最小） とじない場合	d（最小） とじる場合
—	—	—	—	—	A 0×2	1189×1682	20	20	20
A 0	841×1189	20	20	20	A 1×3	841×1783			
A 1	594×841				A 2×3	594×1261			
					A 2×4	594×1682			
A 2	420×594				A 3×3	420×891	10	10	
					A 3×4	420×1189			
A 3	297×420	10	10		A 4×3	297×630			
					A 4×4	297×841			
					A 4×5	297×1051			
A 4	210×297				—	—	—	—	—

〔備考〕　dの部分は，図面をとじるために折りたたんだとき，表題欄の左側になる側に設ける．

になっている．

　11·1表のcおよびdは，輪郭線を引く場合の周囲の余白の寸法を示したものである．輪郭線は必ずしも引く必要はないが，その場合でもこれ以上の余白は必ず設けなければならない．なお，輪郭線は，太さ0.5 mm以上の実線によって引く．

2. 表題欄

　図面の記載内容その他の事項を一覧にして示すために，図面の一部に設けられる欄を，**表題欄**という．

　表題欄は，一般に11·1表中の図に示すように，図面の右下隅に設け，つぎのような事項を記載する．

　図面番号，図名，企業（団体）名，製図者または責任者の署名，図面作成年月

日，尺度，投影法

11・1 図は，表題欄の記載例を示したものである．

なお，図面は，A4判以上では 11・1 表の図に示すように，その長手方向を左右に置いた位置を標準とするが，A4判の場合は，これを上下に置いてもよいことになっているので，表題欄に記入する文字は 11・2 表および 11・2 図のように，それぞれの位置において読める向きに記入する．

投影法の表示は，文字でなく，11・3 図に示す投影法の記号を用いて記入することになっている．投影法はすでに述べたように，第三角法によることになっているから明記しなくともよいように思えるが，世界にはまだ第一角法によっている国も多いので，図面の国際性のためにこのように定められている．なお，この投影法の記号は，欄外のその近くに示してもよい．

尺度は，2章 2・4 表（19 ページ）により，比例の形で記入する．

3. 図面番号

作成された図面には，それぞれ固有の番号を与える．これが**図面番号**であり，いわば人間の戸籍にもあたる重要な番号である．図面の発行，記録，訂正，廃却などは，すべてこの図面番号によって処理されるため，管理しやすいようなシステムによって与えることが必要である．

図面番号の与え方には，いろいろな方法があるが，現在実際に用いられている方法は，つぎに説明するような**ユニバーサルシステム**と，**コーデッドシステム**に大別される．

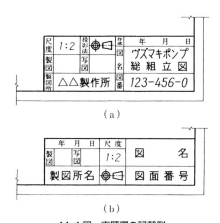

11・1図　表題欄の記載例

11・2表　表題欄の位置

用紙の大きさの呼び	左右方向に置く辺	表題欄の位置	用紙の形式
A0～A4	長辺	右下隅	X形
A4	短辺		Y形

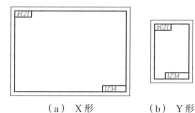

(a) X形　　(b) Y形
　　　　　　（A4のみ）

11・2図　表題欄の位置と文字の向き

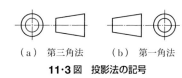

(a) 第三角法　　(b) 第一角法

11・3図　投影法の記号

ユニバーサルシステムは，連続する追番号でとってゆく方法であり，いわば自動車のナンバーや，電話番号のとり方のような方式である．またコーデッドシステムとは，各けたの数字（または文字）にそれぞれ意味をもたせる方法で，いわば書籍の分類コード（UDC[1]）などがこれにあたる．もっともユニバーサルシステムといっても，完全な追番号方式では数がきわめて限られ，かつ運用にも無理が生じるので，程度の差はあっても，コーデッドシステムが導入されている．いわば電話の局番などのようなものである．

いずれの方法をとるにしても，一旦その方式を定めたら，やり直しはきかないので，最初に十分の検討を行うことが必要である．図面番号のとり方の例を11・4図に示しておく．

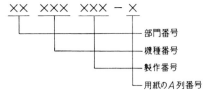

11・4図 図面番号のとり方の例

なお，図面番号は上記のようにきわめて重要なものであるから，一般に，表題欄中に大きく明記するほか，11・2図に示すように，その反対の隅にも，逆な向きに記入しておくのがよい．これは，図面の破損などによる図面番号の消失を防ぐほか，図面が逆な向きに整理されたときにも，直ちに図面番号が読みとれるという便宜のためである．

4. 中心マーク

図面には，マイクロフィルム撮影や，複写などの際の便宜のために，その中心を示す**中心マーク**を記入しておくことになっている．中心マークは11・5図に示すように，用紙の四辺の各中央に，輪郭線から用紙の縁に向けて，輪郭線の内側5 mmまで，これに垂直な太さ0.5 mmの直線を引いておけばよい．なお，そのうちの1個を利用して，11・6図のような比較目盛を図示しておくのがよい．

11・5図 中心マーク

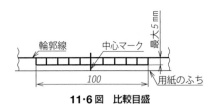

11・6図 比較目盛

5. その他

(1) 図示の区域 図面中の特定の部分の位置を指示するときの便宜のために，その欄外を利用して，長辺および短辺をそれぞれ偶数個に等分し，11・7図のよう

---

[1] Universal Desimal Classiacation

11・3 照 合 番 号

な区分記号を記入しておくのがよい．この区分記号は，相対する辺には同じ文字または数字を用いる．このような方法は，地図などには必ず用いられている．

図示の区域は，その区分記号の組合わせにより，たとえばB-2のように呼ぶ．

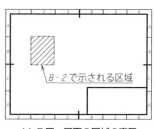

11・7図 図面の区域の表示

（2） 裁断マーク 複写された図面は，一般に所定の大きさ（JIS P 0138 紙の仕上がり寸法のうちのA0～A4）に裁断して使用するため，あらかじめその寸法位置を示す裁断マークを，11・8図に示すように記入しておくのがよい．

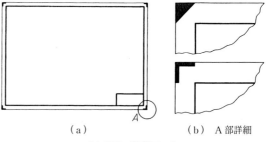

11・8図 裁断マーク

11・3　照 合 番 号

機械は，すべていくつかの部品から成り立っているので，これらの部品にも，それぞれ固有の番号を与えておく，これを**照合番号**という．ただし一品一葉の図面では，図面番号を照合番号として用いる場合もある．

組立図に照合番号を記入する場合には，11・9図に示すように，適切な大きさの円内にその番号を示す数字を記入し，かつ各部品から引出線を引き出して，円と結んでおく．この引出線の先は，外形線に当てるときには矢印をつけるが，その内側の実質部に向けるときは，黒丸をつけておく．なお，この引出線は，寸法線と見誤らないように，斜めの線とする．

照合番号を数多く記入する場合には11・10図のように，な

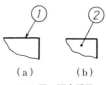

11・9図 照合番号

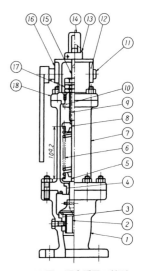

11・10図 照合番号の整列

るべく一直線上に整列させ，かつその番号が順に配列されるするようにするのがよい．

11・4　部　品　欄

部品欄とは，図示されている各部品に関する諸事項を記載する表であって，一般には11・11図，11・12図に示すように表題欄の上側，もしくは図面中の余白に，輪郭線に接して設けられる．

部品欄には，図示のように，照合番号，部品名称，材質，製造個数その他の事項（適用規格番号など）を記入する欄を設けるが，多品一葉の図面の場合はもとより，一品一葉の図面の場合にもこれを設けておくのがよい．

なお，複雑な図面では，この部品欄を図中に書ききれないので，別に部品明細表として作成される場合がある．

11・11図　　　　　　　　　　　　　　　　　**11・12図**

11・5　材　料　記　号

機械に用いる材料は，ほとんどが金属材料であるが，そのうちでも鉄鋼が大部分を占めている．

JISでは，鉄鋼についてはG部門，非鉄金属についてはH部門において，その種類，成分等を規定しているが，それらの材料は，すべて記号によって表されるので，製図においても，使用材料の明示は，これらの記号によって部品表その他に記載される．

以下，JISに定められたこれらの材料記号の見方について説明する．

1. 鉄鋼材料記号

鉄鋼材料においては，鋼をS (Steel)，鉄をF (Ferrum) の記号で表し，これ

に続けてその製品の種類や用途あるいは合金材料を表す記号を付け，さらに種別などを示す数字あるいは文字を付して，つぎのようにして表すことになっている．

（1）最初の部分は**材質**を表す．
（2）次の部分は**規格名**または**製品名**（あるいは**合金鉄類**）を表す．
（3）最後の部分は**種類**を示す．

〔例1〕 S S 400 … 一般構造用圧延鋼材

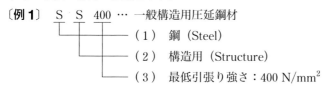

〔例2〕 F C 200 … ねずみ鋳鉄品

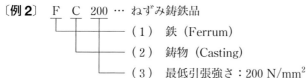

〔例3〕 S NC 415 … ニッケルクロム鋼

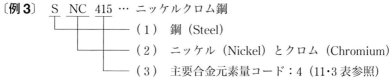

上記の〔例1，2〕では，第1位の記号はSあるいはFであり（11・5表），第2位では，その規格名または製品名が，11・7表に示すような記号によって表されている．ただし〔例3〕の合金鋼の場合には，11・3表のような元素量コードを用いてその組成を表している．第3位では，〔例1，2〕では最低引張り強さ（N/mm²）を表す数値が用いられているので，材料記号だけでそのおよその機械的性質を知ることができて便利である．

〔例3〕の合金鋼では，第3位が3けたの数字415で表されており，このうち

11・3表 主要合金元素量コードと元素含有量の対比

合金鋼の区分	ニッケルクロム鋼 (SNC)		ニッケルクロムモリブデン鋼 (SNCM)		
元　素	Ni	Cr	Ni	Cr	Mo
主要合金元素量コード 2	1.00 以上 2.00 未満	0.25 以上 1.25 未満	0.20 以上 0.70 未満	0.20 以上 1.00 未満	0.15 以上 0.40 未満
〃　 4	2.00 以上 2.50 未満	0.25 以上 1.25 未満	0.70 以上 2.00 未満	0.40 以上 1.50 未満	0.15 以上 0.40 未満
〃　 6	2.50 以上 3.00 未満	0.25 以上 1.25 未満	2.00 以上 3.50 未満	1.00 以上	0.15 以上 1.00 未満
〃　 8	3.00 以上	0.25 以上 1.25 未満	3.50 以上	0.70 以上 1.50 未満	0.15 以上 0.40 未満

最初の数字は，主要合金元素量コード（1～8あり，そのうち2，4，6および8を11・3表に掲載）が示されており，あとの2けたは，炭素含有量の0.15％に100を乗じた値で示される．なお，ステンレス鋼も，第3位はやはり3けたの数字で表されるが，合金鋼とは異なり，最初の数字2，3および8はオーステナイト系，4はフェライト系あるいはマルテンサイト系であり，6は析出硬化系であることを表し，あとの2けたは，慣用的な鋼種番号によって呼ばれている．

　ただし，機械構造用炭素鋼だけは，上述のような配列ではなく，鋼を示す記号Sのあとに，炭素量を示す2けたの数字（炭素量×100の値）およびC（Carbon）の文字を付けて，S 20 C，S 38 Cのようにして表される．これらはそれぞれ炭素含有量が0.20，0.38であることを示している．11・6表はJISに定められた主要な鉄鋼材料の記号とその意味を示したものである．

2. 非鉄金属材料記号

（1）伸銅品　銅または銅合金は，一般に伸延性が大きいので，展延して板，条，棒あるいは線などの形状として供給される．これを**伸銅品**という．伸銅品の記号は，銅の記号Cのあとに，4けたの数字を用い，つぎのようにして表される．

$$\underline{C}\ \underset{第1位}{\times}\ \underset{第2位}{\times}\ \underset{第3位}{\times}\ \underset{第4位}{\times}$$

　このうち，第1位の数字は，主要添加元素による合金の系統を表し（11・7表参照），第2位以降は慣用称呼の合金記号が用いられている．

（2）アルミニウムおよびその合金　アルミニウムおよびその合金も，きわめてその種類が多く，伸銅品の場合と同様に，アルミニウムの記号Aのつぎに，やはり4けたの数字を用いて表され，そのうち第1位の数字は，1はアルミニウム純度99.00％以上の純アルミニウムを表し，数字2～9は主要添加元素による合金の系統を表す（11・7表参照）．また，第2位以降は，慣用称呼の合金記号が用いられている．

（3）その他　伸銅品，アルミニウムおよびその合金以外の非鉄金属材料では，前節の鉄鋼材料の場合と同様に，三つの部分に分けて表されている．

〔例2〕

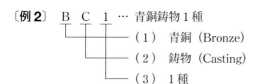

11・4表 質別記号

記号	意味
－O	軟質
－OL	軽軟質
－1/2H	1/2硬質
－H	硬質
－EH	特硬質(HとSHの中間)
－SH	特硬質(ばね質)
－F	製造のまま
－SR	応力除去

非鉄金属材料の展伸材では，加工後熱処理が行われるのが普通であるため，上例1のように，記号の最後に，11・4表に示すような質別記号を付ける．

11・7表は，主要な非鉄金属材料の記号およびその意味を示したものである．

11・5表 材質名の記号

(a) 第1位(元素名)

記号	材質名	意味	記号	材質名	意味
A	アルミニウム	Aluminium	Ni	ニッケル	Nickel(元素記号)
Mcr	金属クロム	Metalic Cr	P	りん	Phosphorus(元素記号)
C	炭素	Carbon(元素記号)	Pb	鉛	Plumbun(元素記号)
C	銅	Copper	S	鋼	Steel
C	クロム	Chromium	Si	けい素	Silicon(元素記号)
F	鉄	Ferrum	T	チタン	Titanium
M	モリブデン	Molybdenum	W	ホワイトメタル	White Metal
M	マグネシウム	Magnesium	W	タングステン	Wolfram(元素記号)
Mn	マンガン	Manganese(元素記号)	Zn	亜鉛	Zinc(元素記号)

(b) 第2位(規格名または製品名)

記号	規格・製品名	意味	記号	規格・製品名	意味
B	棒	Bar	M	耐候性	Marine
C	鋳造品	Casting	P	管	Pipe
C	炭素量	Carbon	P	ばね	Spring
D	ダイス用	Die (s)	S	形材	Shape
F	鍛造品	Forging	S	ステンレス	Stainless
G	ガス	Gas	S	構造用	Structure
H	高速度	High Speed	T	鍛造	ローマ字
K	工具	ローマ字	T	管	Tube
K	構造	ローマ字	W	線	Wire
M	機械	Machine	U	特殊用途	Use

11・6表 主要鉄鋼材料の種類と記号

分類	JIS番号	規格名	記号	意味 (―は上欄を参照)	種類
一般用	G 3101	一般構造用圧延鋼材	SS	S：Steel, S：Structure	330, 400, 490, 540
	G 3106	溶接構造用圧延鋼材	SM	S：Steel, M：Marine	400, 490, 520, 570
機械構造用	G 4051	機械構造用炭素鋼鋼材	S××C	S：―, ××：炭素量(右欄), C：Carbon (CKはだ焼き用)	10, 12, 15, 17, 20, 22, 25, 28, 30, 33, 35, 38, 40, 43, 45, 48, 50, 53, 55, 58, 09 CK, 15 CK, 20 CK

(次ページに続く)

分類	JIS 番号	規格名	記号	意味（一は上欄を参照）	種　類
機械構造用鋼	G 4053	機械構造用合金鋼鋼材	SNC	S：―，N：Nickel，C：Chromium	236, 415, 631, 815, 836
			SNCM	S：―，N：―，C：―，M：Molybdenum	220, 240, 415, 420, 431, 439, 447, 616, 625, 630, 815
鋼管	G 3452	配管用炭素鋼鋼管	SGP	S：―，G：Gas，P：Pipe	黒管（めっきなし），白管（亜鉛めっき）
	G 3445	機械構造用炭素鋼鋼管	STKM	S：―，T：Tube，K：構造，M：Machine	11, 12, 13, 14, 15, 16, 17, 18, 19, 20
工具鋼	G 4401	炭素工具鋼鋼材	SK	S：―，K：工具	140, 120, 105, 95, 90, 85, 80, 75, 70, 65, 60
	G 4403	高速度工具鋼鋼材	SKH	S：―，K：―，H：High Speed	2, 3, 4, 10, 40, 50, 51, 52, 53, 54, 55, 56, 57, 58, 59
	G 4404	合金工具鋼鋼材	SKS	S：―，K：―，S：Special	主に切削工具鋼用（SKS 11, SKS 2 など）
			SKD	S：―，K：―，D：ダイス	主に耐衝撃工具鋼用（SKS 4, SKS 41 など） 主に冷間金型用（SKS 3, SKD 1 など）
			SKT	S：―，K：―，T：鍛造	主に熱間金型用（SKD 4, SKT 3 など）
特殊用途鋼	G 4303 ほか	ステンレス鋼棒 ほか	SUS	S：―，U：Use，S：Stainless	オーステナイト系，オーステナイト・フェライト系，フェライト系，マルテンサイト系，析出硬化系
	G 4801	ばね鋼鋼材	SUP	S：―，U：―，P：Spring	6, 7, 9, 9A, 10, 11A, 12, 13
鋳鍛造品	G 3201	炭素鋼鍛鋼品	SF	S：―，F：Forging	340A, 390A, 440A, 490A, 540A・B, 590A・B, 640B
	G 5101	炭素鋼鋳鋼品	SC	S：―，C：Casting	360, 410, 450, 480
	G 5501	ねずみ鋳鉄品	FC	F：Ferrum，C：―	100, 150, 200, 250, 300, 350

11・7表　主要非鉄金属材料の種類と記号

分類	JIS 番号	規格名	記　号	意　味
①伸銅品	H 3100	銅および銅合金の板ならびに条	C 1××× C 2××× C 3××× C 4××× C 5××× C 6××× C 7×××	第2位の数字 　1：Cu・高Cu系合金，2：Cu-Zn系合金， 　3：Cu-Zn-Pb系合金，4：Cu-Zn-Sn系合金， 　5：Cu-Sn系合金・Cu-Sn-Pb系合金， 　6：Cu-Al系合金・Cu-Si系合金・特殊Cu-Zn系合金， 　7：Cu-Ni系合金・Cu-Ni-Zn系合金 第3位～5位の数字 　××：慣用称呼の合金記号
②アルミニウム展伸材	H 4000	アルミニウムおよびアルミニウム合金の板および条	A 1××× A 2××× A 3××× A 4××× A 5××× A 6××× A 7××× A 8×××	第2位の数字 　1：アルミニウム純度99.00％以上の純アルミニウム， 　2：Al-Cu-Mg系合金，3：Al-Mn系合金， 　4：Al-Si系合金，5：Al-Mg系合金， 　6：Al-Mg-Si-(Cu)系合金， 　7：Al-Zn-Mg-(Cu)系合金， 　8：上記以外の系統の合金 第3位～5位の数字 　××：慣用称呼の合金記号
③鋳物	H 5120	銅および銅合金鋳物	CAC 1×× CAC 2×× CAC 3×× CAC 4×× CAC 5×× CAC 6×× CAC 7×× CAC 8××	第2位の数字 　1：銅鋳物，2：黄銅鋳物，3：高力黄銅鋳物， 　4：青銅鋳物，5：りん青銅鋳物，6：鉛青銅鋳物， 　7：アルミニウム青銅鋳物，8：シルジン青銅鋳物 第3位の数字 　予備（すべて0） 第4位の数字 　合金種類の中の分類を表わす

11·6 検 図

1. 検図について

描かれた図面は，製作者にとってみればそれが唯一無二の指針であるため，絶対にミスや記入もれがあってはならないが，製図者とて人間であるから，つねに絶対に正しい図面ばかり描けるとは限らず，ふとした誤りが誤作その他の大損害をひきおこす可能性がある．そこでこのような誤りをなくすため，図面のあらゆる点を検討し，訂正もしくは追加記入を行わせることを検図という．

2. 検図の実例

検図は，その守備範囲が広く，ただ漫然と行っても効果が少ないので，チェックリストを用いて行うのが普通である．次ページ 11·13 図は，チェックリストの例を示したものであるが，いずれも検図用に複写図を数部つくって，複数の人員で検図を行い，検図項目ごとに寸法，記号，記入事項に対しチェックを行う．

11·7 図面の訂正・変更

前節の検図で発見したミスまたは記入もれを正すことは訂正であって，あくまでも欠陥の補塡であるが，図面は発行後，種々な理由のため，変更されることがある．訂正・変更を行う理由としては，誤記の発見もその一つであるが，設計変更，工作上における寸法や材質の変更などがある．

いずれにしても図面発行後の変更は，原図だけの変更にとどまらないので，変更前の形は必ず保存して，これに 11·14 図に示すような適切な記号を付記して，変更の理由，日付および変更者の署名などを明記して，当該図面管理部署に届け出ておくことが必要である．

変更事項の記入は，図中に記入できない場合には，11·15 図のように，別個に訂正欄を設けて記入すればよい．

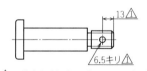

△ 円筒穴を追加（××年×月×日変更）

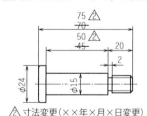

△ 寸法変更（××年×月×日変更）

11·14 図　図面の変更（形状・寸法）

符号	年月日	訂 正 記 事	印
△	××·×·×	円筒穴の追加のため	平野
△	同上	寸法変更のため	平野

11·15 図　図面訂正欄

計画図の検図項目		判定	組立図の検図項目		判定
	項　　目			項　　目	
1.	組立が容易か，不可能なところはないか.		1.	性能は設計仕様書の要求通りであるか.	
2.	加工が易か，不可能なところはないか.		2.	精度保持に不安定な構造はないか.	
3.	加工および組立の際の基準面を作ったか.		3.	作動部の動き，調整量はよいか.	
4.	部品点数はこれが最少か.		4.	組立，分解が容易であるか.	
5.	部品は共通になるよう考えたか.		5.	組立用の特殊工具を必要とするか.	
6.	故障の起こりやすい所は簡単に取り出せるか.		6.	工数の節減しうる部分はないか.	
7.	漏れ防止は完全であるか.		7.	変形，摩耗した場合の考慮は払われているか.	
8.	計算に間違いはないか，打合せ事項とともに再確認を行う.		8.	材料は標準サイズのものを使用しているか.	
			9.	据付について考慮されているか.	
			10.	密封装置は確実か.	

製作図の検図項目				判定		項　　目		判定
図面の様式	1.	表題欄に誤記，脱字はないか.			寸法の記入法	4.	寸法の指示箇所は明確か.	
	2.	部品欄に誤記，脱字はないか.				5.	矢印の不足はないか.	
	3.	名称は適当か.				6.	寸法の配置は正しいか.	
	4.	不必要な事項を記入していないか.				7.	文字，数字の向きは正しいか.	
	5.	標準の尺度の採用か.				8.	中心線，寸法線，寸法補助線は明確か.	
	6.	材料規格は適当か.				9.	誤字，脱字はないか.	
	7.	標準部品に対する指示は適当か.				10.	不必要な線が残っていないか.	
	8.	製作数量は正しいか.				11.	使用している線は正しいか.	
	9.	表題欄・部品欄の記入もれはないか.				12.	$\phi \cdot R \cdot C$ の記号もれはないか.	
	10.	図面番号は正しく記入されているか.			寸法公差・幾何公差	1.	寸法公差の指示は正しいか.	
形状の表し方	1.	投影法は正しいか.				2.	寸法公差は広げられないか.	
	2.	形状の表現が不足していないか.				3.	寸法公差の記入もれはないか.	
	3.	図形は明確で鮮明に描かれているか.				4.	幾何公差の指示は正しいか.	
	4.	寸法と図形が±5mm以上違うもの.				5.	幾何公差は広げられないか.	
	5.	図の配置，選定は適当か.				6.	幾何公差の記入もれはないか.	
	6.	断面・矢視は正しいか.				7.	最大実体の原理を適用できないか.	
	7.	詳細図の選定は正しいか.			加工方法	1.	表面粗さは正しく記入されているか.	
	8.	ねじの表示は正しいか.				2.	表面粗さは，必要以上の高い要求をしていないか.	
	9.	歯車の表示は正しいか.				3.	表面粗さは加工機械の現状に対して適当か.	
	10.	詳細図などの尺度は適当か.				4.	表面粗さの記入もれはないか.	
	11.	不足な図形はないか.				5.	加工法記号の指示は正しいか.	
寸法記入法	1.	寸法に誤りはないか.				6.	加工，取付けが容易な形状か.	
	2.	重複寸法はないか.				7.	工作基準面は用意されているか.	
	3.	不足寸法はないか.				8.	工作不可能なところはないか.	

11・13図　チェックリストの例

付録
機械製作図例および関連機械要素のJIS規格

付図1	六角ボルト・ナット………………………………………………	156
付図2	平歯車……………………………………………………………	156
付表1	六角ボルト・六角ナット（JIS B 1180）……………………	157
付図3	フランジ形たわみ軸継手………………………………………	158
付表2	フランジ形たわみ軸継手（JIS B 1452）……………………	159
付表3	フランジ形たわみ軸継手用ボルト（JIS B 1452）…………	159
付図4	動力伝達装置組立図……………………………………………	160
付図5	動力伝達装置部品図……………………………………………	161
付表4	転がり軸受関係JIS規格抜粋…………………………………	162
付図6	クランクシャフト製作図………………………………………	163
〔参考〕	クランクシャフト工程図について……………………………	164
付図7	クランクシャフト工程図（旋削①）…………………………	165
付図8	クランクシャフト工程図（旋削②）…………………………	165
付図9	クランクシャフト工程図（研削）……………………………	166
付図10	クランクシャフト工程図（フライス削り）…………………	166

寸法許容差の数値の表示について

付録の製作図中において，寸法許容差の数値の表示は，紙面の関係から，寸法数値より小さく表示している．

〔例〕	正しい表示	図中での表示
	$\phi 28 \, {}^{+0.4}_{0}$	$\phi 28 \, {}^{+0.4}_{0}$
	$\phi 20.8\mathrm{H7} \, {}^{+0.021}_{0}$	$\phi 20.8\mathrm{H7} \, {}^{+0.021}_{0}$

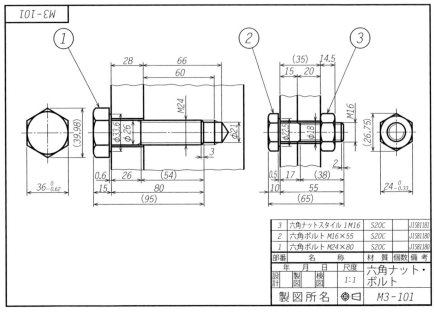

付図1 六角ボルト・ナット

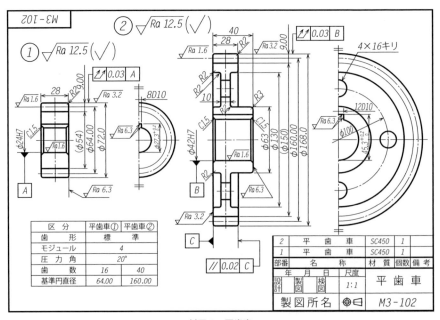

付図2 平歯車

付表1　六角ボルト・六角ナット（JIS B 1180：2014，1181：2014 抜粋）（単位 mm）

〔備考〕　寸法の呼びおよび記号は，JIS B 0143 による．

ねじの呼び d		M1.6	M2	M2.5	M3	M4	M5	M6	M8	M10	M12	M16	M20	M24
ピッチ P		0.35	0.4	0.45	0.5	0.7	0.8	1	1.25	1.5	1.75	2	2.5	3
b (参考)	$l \leqq 125$	9	10	11	12	14	15	18	22	26	30	38	46	54
	$125 < l \leqq 200$	15	16	17	18	20	22	24	28	32	36	44	52	60
c	最大	0.25	0.25	0.25	0.4	0.4	0.5	0.5	0.6	0.6	0.6	0.8	0.8	0.8
d_a	最大	2	2.6	3.1	3.6	4.7	5.7	6.8	9.2	11.2	13.7	17.7	22.4	26.4
d_s	基準寸法=最大	1.6	2	2.5	3	4	5	6	8	10	12	16	20	24
d_w	最小	2.27	3.07	4.07	4.57	5.88	6.88	8.88	11.63	14.63	16.63	22.44	28.19	33.61
e	最小	3.41	4.32	5.45	6.01	7.66	8.79	11.05	14.38	17.77	20.03	26.75	33.53	39.98
l_f	最大	0.6	0.8	1	1	1.2	1.2	1.4	2	2	3	3	4	4
k	基準寸法	1.1	1.4	1.7	2	2.8	3.5	4	5.3	6.4	7.5	10	12.5	15
k_w	最小	0.68	0.89	1.10	1.31	1.87	2.35	2.70	3.61	4.35	5.12	6.87	8.60	10.35
s	基準寸法=最大	3.20	4	5	5.5	7	8	10	13	16	18	24	30	36
	最小	3.02	3.82	4.82	5.32	6.78	7.78	9.78	12.73	15.73	17.73	23.67	29.67	35.38
l	呼び長さ	12〜16	16〜20	16〜25	20〜30	25〜40	25〜50	30〜60	40〜80	45〜100	50〜120	65〜150	80〜150	90〜150

〔備考〕
1. 上表は呼び径六角ボルトの並目ねじ（部品等級 A，第1選択）を掲げた．
2. ねじの呼びに対して推奨する呼び長さ（l）は，上表の範囲で次の数値から選んで用いる．
   12, 16, 20, 25, 30, 35, 40, 45, 50, 55, 60, 65, 70, 80, 90, 100, 110, 120, 130, 140, 150
3. $k_{w,最小} = 0.7 k_{最小}$，$l_{g,最大} = l_{呼び} - b$，$l_{s,最小} = l_{g,最大} - 5P$，l_g：最小の締めつけ長さ

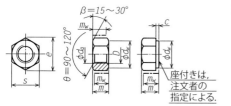

〔備考〕
1. 下表は六角ナット-スタイル1と2，並目ねじ（部品等級 A，第1選択）を掲げた．
2. ねじの呼び M14 は，なるべく用いない．
3. スタイル1および2は，ナットの高さ（m）の違いを示すもので，スタイル2の高さはスタイル1より約10%高い．
4. 寸法の呼びおよび記号は，JIS B 0143 による．

	ねじの呼び d	M1.6	M2	M2.5	M3	M4	M5	M6	M8	M10	M12	(M14)	M16
	ピッチ P	0.35	0.4	0.45	0.5	0.7	0.8	1	1.25	1.5	1.75	2	2
c	最大	0.2	0.2	0.3	0.4	0.4	0.5	0.5	0.6	0.6	0.6	0.8	0.8
d_a	最小	1.6	2.0	2.5	3	4	5	6	8	10	12	14	16
d_w	最小	2.4	3.1	4.1	4.6	5.9	6.9	8.9	11.6	14.6	16.6	19.6	22.5
e	最小	3.41	4.32	5.45	6.01	7.66	8.79	11.05	14.38	17.77	20.03	23.36	26.75
スタイル1 m	最大	1.3	1.6	2	2.4	3.2	4.7	5.2	6.8	8.4	10.8	—	14.8
スタイル1 m_w	最小	1.05	1.25	1.75	2.15	2.9	4.4	4.9	6.44	8.04	10.37	—	11.3
スタイル2 m	最大	—	—	—	—	—	5.1	5.7	7.5	9.3	12	14.1	16.4
スタイル2 m	最小	—	—	—	—	—	4.8	5.4	7.14	8.94	11.57	13.4	15.7
スタイル2 m_w	最小	—	—	—	—	—	3.84	4.32	5.71	7.15	9.26	10.7	12.6
s	基準寸法=最大	3.2	4	5	5.5	7	8	10	13	16	18	21	24
	最小	3.02	3.82	4.82	5.32	6.78	7.78	9.78	12.73	15.73	17.73	20.67	23.67

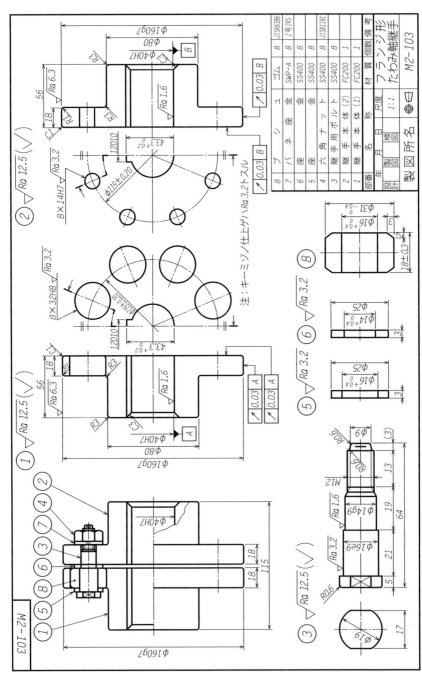

付図3 フランジ形たわみ軸継手

付表2 フランジ形たわみ軸継手（JIS B 1452：1991）

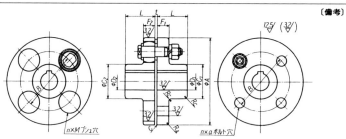

〔備考〕
1. ボルト穴の配置は，キーみぞに対しておおむね振分けとする。
2. ボルト抜きしろは，軸端からの寸法を示す。
3. 継手を軸から抜きやすくするためのねじ穴は，適宜設けて差し支えない。

（単位 mm）

継手外径 A	D 最大軸穴直径 D_1	D D_2	最小軸穴直径	L	C C_1	C C_2	B	F_1	F_2	$n^{(1)}$ (個)	a	M	$t^{(2)}$	参考 R_C (約)	R_A (約)	ボルト抜きしろ
90	20		—	28	35.5		60	14	14	4	8	19	3	2	1	50
100	25		—	35.5	42.5		67	16	16	4	10	23	3	2	1	56
112	28		16	40	50		75	16	16	4	10	23	3	2	1	56
125	32	28	18	45	56	50	85	18	18	4	14	32	3	2	1	64
140	38	35	20	50	71	63	100	18	18	6	14	32	3	2	1	64
160	45		25	56	80		115	18	18	8	14	32	3	3	1	64
180	50		28	63	90		132	18	18	8	14	32	3	3	1	64
200	56		32	71	100		145	22.4	22.4	8	20	41	4	3	2	85
224	63		35	80	112		170	22.4	22.4	8	20	41	4	3	2	85
250	71		40	90	125		180	28	28	8	25	51	4	4	2	100
280	80		50	100	140		200	28	40	8	28	57	4	4	2	116
315	90		63	112	160		236	28	40	10	28	57	4	4	2	116
355	100		71	125	180		260	35.5	56	8	35.5	72	5	5	2	150
400	110		80	125	200		300	35.5	56	10	35.5	72	5	5	2	150
450	125		90	140	224		355	35.5	56	12	35.5	72	5	5	2	150
560	140		100	160	250		450	35.5	56	14	35.5	72	5	6	2	150
630	160		110	180	280		530	35.5	56	18	35.5	72	6	6	2	150

〔注〕 (1) n は，ブシュ穴またはボルト穴の数をいう。
(2) t は，組み立てたときの継手本体のすきまであって，継手ボルトの座金の厚さに相当する。

付表3 フランジ形たわみ軸継手用ボルト（JIS B 1452：1991）

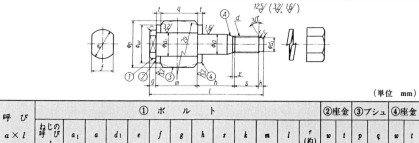

（単位 mm）

呼び $a×l$	ねじの呼び d	①ボルト a_1	a	d_1	e	f	g	h	s	k	m	l	r (約)	②座金 w	t	③ブシュ p	q	④座金 w	t
8 ×50	M 8	9	8	5.5	12	10	4	15	12	2	17	50	0.4	14	3	18	14	14	3
10 ×56	M 10	12	10	7	16	13	4	17	14	2	19	56	0.5	18	3	22	16	18	3
14 ×64	M 12	16	14	9	19	17	5	19	16	3	21	64	0.6	25	3	31	18	25	3
20 ×85	M 20	22.4	20	15	28	24	5	24.6	25	4	26.4	85	1	32	4	40	22.4	32	4
25 ×100	M 24	28	25	18	34	30	6	30	27	5	32	100	1	40	4	50	28	40	4
28 ×116	M 24	31.5	28	18	38	32	6	30	31	5	44	116	1	45	4	56	40	45	4
35.5×150	M 30	40	35.5	23	48	41	8	38.5	36.5	6	61	150	1.2	56	5	71	56	56	5

〔備考〕
1. Ⓐ部には研削用逃げを施してもよい。Ⓑ部はテーパでも段付きでもよい。
2. x は，不完全ねじ部でもねじ切り用逃げでもよい。ただし，不完全ねじ部のときは，その長さを約2山とする。

付録 機械製作図例および関連機械要素のJIS規格

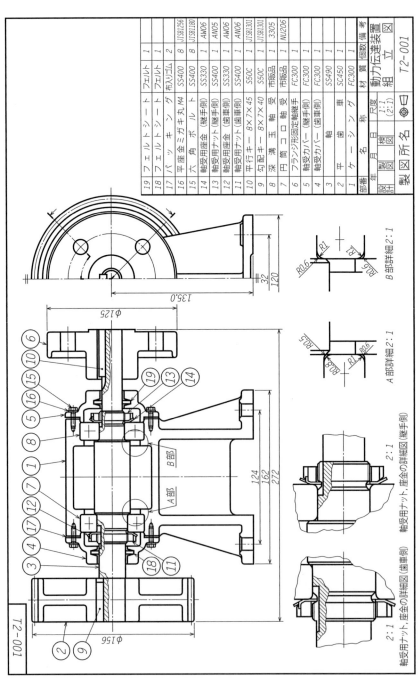

付図4 動力伝達装置組立図

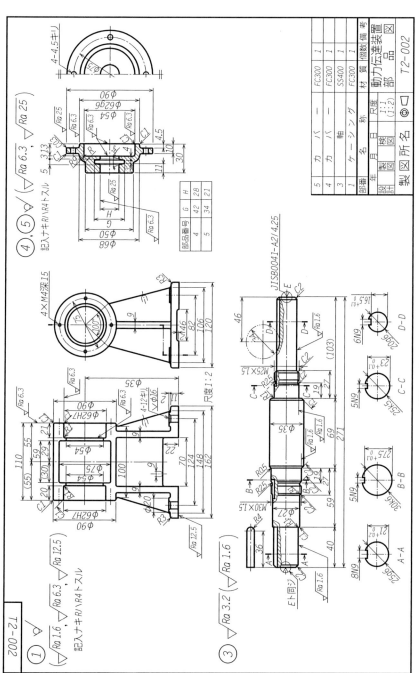

付図5 動力伝達装置部品図

付表 4 転がり軸受関係 JIS 規格抜粋

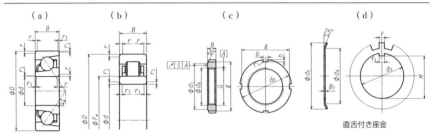

(a) アンギュラ玉軸受　　　　　　　　(c) ナット（系列 AN）

呼び番号	寸法 (mm)				呼び番号	ねじの呼び G	基準寸法 (mm)					
	d	D	B	r_{min}	$r_{1\,min}$			d_2	d_1	g	b	h	d_6	B

呼び番号	d	D	B	r_{min}	$r_{1\,min}$	呼び番号	G	d_2	d_1	g	b	h	d_6	B
7300	10	35	11	0.6	0.3	AN 02	M 15×1	25	21	21	4	2	15.5	5
7301	12	37	12	1	0.6	AN 03	M 15×1	28	24	24	4	2	17.5	5
7302	15	42	13	1	0.6	AN 04	M 15×1	32	26	28	4	2	20.5	6
7303	17	47	14	1	0.6	AN 05	M 15×1.5	38	32	34	5	2	25.8	7
7304	20	52	15	1.1	0.6	AN 06	M 15×1.5	45	38	41	5	2	30.8	7
7305	25	62	17	1.1	0.6	AN 07	M 15×1.5	52	44	48	5	2	35.8	8
7306	30	72	19	1.1	0.6	AN 08	M 15×1.5	58	50	53	6	2.5	40.8	9
7307	35	80	21	1.5	1	AN 09	M 15×1.5	65	56	60	6	2.5	45.8	10
7308	40	90	23	1.5	1	AN 10	M 15×1.5	70	61	65	6	2.5	50.8	11
7309	45	100	25	1.5	1	AN 11	M 15×2	75	67	69	7	3	56	11
7310	50	110	27	2	1	AN 12	M 15×2	80	73	74	7	3	61	11
7311	55	120	29	2	1	AN 13	M 15×2	85	79	79	7	3	66	12
7312	60	130	31	2.1	1.1	AN 14	M 15×2	92	85	85	8	3.5	71	12
7313	65	140	33	2.1	1.1	AN 15	M 15×2	98	90	91	8	3.5	76	13
7314	70	150	35	2.1	1.1	AN 16	M 15×2	105	95	98	8	3.5	81	15
7315	75	160	37	2.1	1.1	AN 17	M 15×2	110	102	103	8	3.5	86	16
7316	80	170	39	2.1	1.1	AN 18	M 15×2	120	108	112	10	4	91	16
7317	85	180	41	3	1.1	AN 19	M 15×2	125	113	117	10	4	96	17
7318	90	190	43	3	1.1	AN 20	M 15×2	130	120	122	10	4	101	18
7319	95	200	45	3	1.1	AN 21	M 15×2	140	126	130	12	5	106	18
7320	100	215	47	3	1.1	AN 22	M 15×2	145	133	135	12	5	111	19

(b) 円筒ころ軸受　　　　　　　　(d) 座金（系列 AW）

呼び番号	d	D	B	$r_{s\,min}$	F_W	呼び番号	d_s	M	f_1	B_7	f	d_4	d_5
NU 204	20	47	14	1	27	AW 02	15	13.5	4	1	4	21	28
NU 205	25	52	15	1	32	AW 03	17	15.5	4	1	4	24	32
NU 206	30	62	16	1	38.5	AW 04	20	18.5	4	1	4	26	36
NU 207	35	72	17	1.1	43.8	AW 05	25	23.0	5	1.2	5	32	42
NU 208	40	80	18	1.1	50	AW 06	30	27.5	5	1.2	5	38	49
NU 209	45	85	19	1.1	55	AW 07	35	32.5	6	1.2	5	44	57
NU 210	50	90	20	1.1	60.4	AW 08	40	37.5	6	1.2	6	50	62
NU 211	55	100	21	1.5	66.5	AW 09	45	42.5	6	1.2	6	56	69
NU 212	60	110	22	1.5	7305	AW 10	50	47.5	6	1.2	6	61	74
NU 213	65	120	23	1.5	79.6	AW 11	55	52.5	8	1.2	7	67	81
NU 214	70	125	24	1.5	84.5	AW 12	60	57.5	8	1.5	7	73	86
NU 215	75	130	25	1.5	88.5	AW 13	65	62.5	8	1.5	7	79	92
NU 216	80	140	26	2	95.3	AW 14	70	66.5	8	1.5	8	85	98
NU 217	85	150	28	2	101.8	AW 15	75	71.5	8	1.5	8	90	104
NU 218	90	160	30	2	107	AW 16	80	76.5	10	1.8	8	95	112
NU 219	95	170	32	2.1	113.5	AW 17	85	81.5	10	1.8	8	102	119
NU 220	100	180	34	2.1	120	AW 18	90	86.5	10	1.8	10	108	126
NU 221	105	190	36	2.1	126.8	AW 19	95	91.5	10	1.8	10	113	133
NU 222	110	200	38	2.1	132.5	AW 20	100	96.5	12	1.8	10	120	142
NU 224	120	215	40	2.1	143.5	AW 21	105	100.5	12	1.8	12	126	145
NU 226	130	230	40	3	156	AW 22	110	105.5	12	1.8	12	133	154

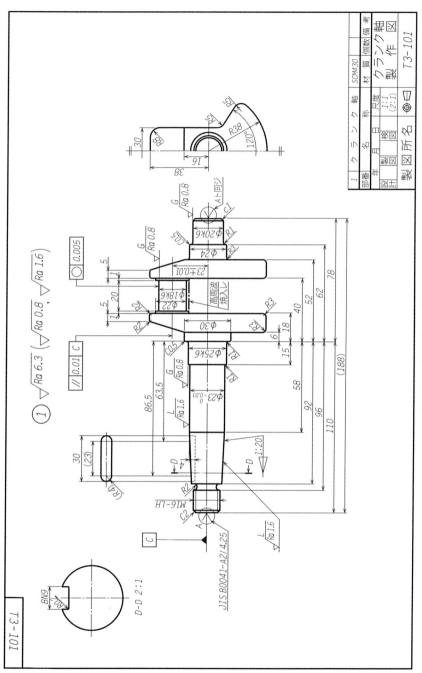

付図 6 クランクシャフト製作図

〔参考〕 クランクシャフト工程図について

　前ページの付図 6 に掲げたクランクシャフト製作図は，これを製作するのに経過する全工程をすべて 1 葉の図面に描き表したものであって，少量生産の場合にはこれでよいが，量産加工の場合には必ずしもふさわしくない．

　したがってそのような場合には，それぞれの工程のみに必要な図面に描き改められる．これを工程図という．付図 7 〜 10 は，工程図の例を示したものである．

　この例にあげたクランクシャフトは，素材としては型鍛造品が多く用いられるが，最近では技術の進歩により，鋳造品が用いられることもまれではなくなってきた．下図は，素材の形状および寸法を示したものである．

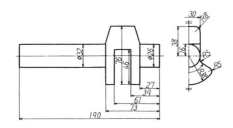

〔付図 7〕 旋削 ①

　基準部より両端々それぞれ 78 mm，110 mm をとり端面削りを行って，それぞれにセンタ穴をあけたのち，加工品を両センタで支え，図示の加工を行う．

〔付図 8〕 旋削 ②

　加工品を反対の向きに支え直し，軸部の外径削りを行ったのち，旋削中心軸にピン中心軸を合わせて取り付け，ピン部，ウエイト部内側面の加工を行う．この場合，専用の取付具を用いるが，個数の少ない場合には，四つづめ単動チャックで軸部を偏心させてくわえて加工を行うこともできる．

〔付図 9〕 研削

　同様にしてジャーナル部（軸受でささえられる部分）およびピン部のグラインダ仕上げを行う．ピン部には真円度，平行度の幾何公差が指定されているので，加工後，適当な方法により検査を行うが，必要な場合には検査の方法を指示しておく．

〔付図 10〕 フライス削り

　テーパ部キー溝の加工を行う．加工には外径 $\phi 8$ のエンドミルを用い，円の右端の位置で 4 mm の縦送りを与えたのち，左方に 23 mm 水平に送って仕上げる．溝幅には N 9 の寸法公差が与えられている．

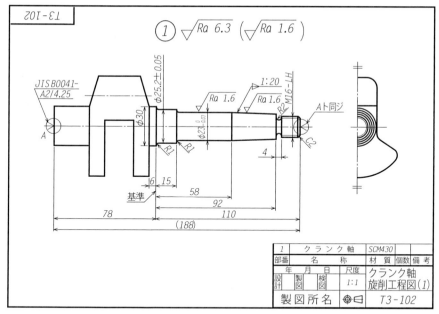

付図7 クランクシャフト工程図（旋削①）

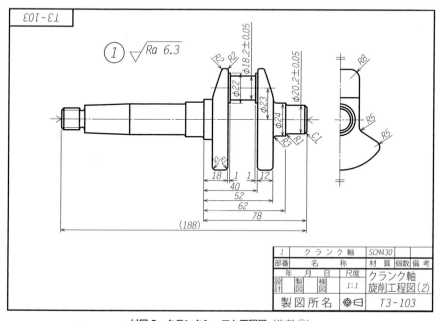

付図8 クランクシャフト工程図（旋削②）

166　付録　機械製作図例および関連機械要素のJIS規格

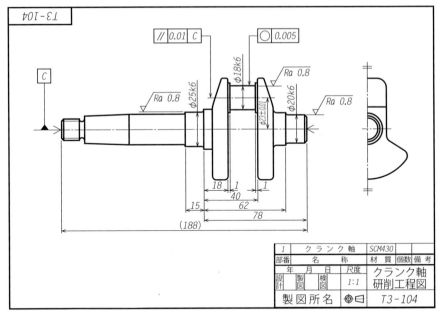

付図9　クランクシャフト工程図（研削）

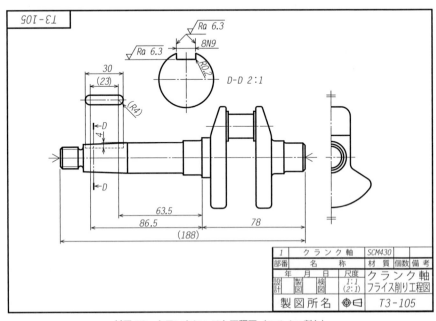

付図10　クランクシャフト工程図（フライス削り）

索引

〔ア〕

アーク溶接　arc welding　137
ISO　5
IT 基本公差　IT fundamental tolerance　77
圧縮コイルばね　compression spring　118
穴　hole　51
穴基準式　basic bore system　76
穴ゲージ　plug gauge　74
アメリカ式画法　American method　5
アリストテレス　Aristoteles　110
アルキメデス　Archimedes　99
アンギュラ玉軸受　angular contact ball bearing　122
アンダカット　undercut　114

〔イ〕

板の厚さ　thickness of plate　50
一条ねじ　single threaded screw　108
一点鎖線　alternate long and short dash line　16, 17
一品一葉式　individual system drawing　5
鋳抜き穴　cored hole　52
インチ系ねじ　screw thread by inch system　102
インボリュート曲線　involute curve　112
インボリュート歯車　involute gear　113
いんろう部　socket and spigot joint　134

〔ウ〕

ウイットねじ　Whitworth screw thread　102
植込みキー　sunkkey　130
植込みボルト　stud bolt　105
上の寸法許容差　upper limit of variation　79
ウォーム　worm　111

ウォーム ホイール　worm wheel　111
うず巻きばね　spiral spring　117
薄物の断面　thin section　34
打ち抜き穴　punched hole　52

〔エ〕

鋭角断面図　acute angle section　33
遠近法　perspective　13
円弧　circular arc　49, 57

〔オ〕

尾　tail　138
応力集中　stress concentration　128
多く用いられるはめあい　normal fits　80
おねじ　male screw　99

〔カ〕

外径（ねじの）　external diameter　100
外形線　visible outline　16, 17
開先　beveling　137
階段断面図　offset section　33
回転図示断面図　revolved section　32, 34
回転投影図　revolved projection　27
角度　angle　43
角ねじ　square screw　103
かくれ線　hidden outline　16, 17
重ね板ばね　lamellar spring　118, 119
かさ歯車　bevel gear　111, 116
片側断面図　half sectional view　32
形削り盤　shaper　4
形鋼　shape steel　55
カットオフ値　cut off value　66
下面図　bottom view　15
完全ねじ部　complete thread　105
関連形体　related feature　92

〔キ〕

キー　key　130
キー溝　key way　25, 130
機械　machine, machinery　1
機械製図　mechanical drawing　1, 8
機械要素　machine elements　99
幾何公差　geometrical tolerances　91
基準寸法（はめあいの）　77, 78
基準線　datum line　78
基準長さ　traversing length　66
基準部　datum line　59
基準ラック　basic rach　113
基線　base line　138
起点記号　symbol for origin　60
基本中心線　31
球の記号　Sϕ, SR　48
球面　sphere　48
曲線　curve　57
局部投影図　local view　25
きり　drill　51
きり穴　drilled hole　51, 52
切欠き効果　notch effect　128

〔ク〕

管用ねじ　pipe thread　102
組立図　assembly drawing　5
繰返し図形　view of repetitive feature　38
黒丸　dot　45

〔ケ〕

限界ゲージ　limit gauge　74
研削盤　grinding machine　4
現尺　full size, full scale　19
検図　check of drawing　153
弦の長さ　harmonic length　50
現場溶接　field welding　141

〔コ〕

コイルばね　coiled spring　118
公差域　tolerance zone　78, 93
公差域クラス　tolerance zone class　79, 88
公差記入枠　feature control symbol　93
公差等級　grade of tolerance　77
工作機械　machine tool　2
交接線　intersection, tangency　40

工程　schedule　60
こう配　grade, slope　53
互換性　interchangeability　74
国際標準化機構　International Organization for Standardization　5
極太線　thicker line　17, 18
国家規格　national standards　4
固定軸継手　rigid shaft coupling　134
小ねじ　machine screw　106
転がり軸受　rolling bearing　120

〔サ〕

サイクロイド曲線　cycloid curve　112
最小許容寸法　lower limit　73
最小実体状態　least material condition　96
最大許容寸法　upper limit　73
最大実体公差方式　maximum material principle　96
最大実体状態　maximum material condition　96
最大高さ粗さ　maximum height roughness　65
裁断マーク　triming marks　147
材料記号　metal symbol　148
作図線　construction line　57
ざぐり　spot facing　52
ざぐり径　diameter of spot facing　109
座標　coordinates　58
皿ざぐり　countersinking　52
三角ねじ　triangular thread　110
算術平均粗さ　arithmetical mean roughness　65
三面図　three view drawings　23

〔シ〕

四角ボルト　square bolt　106
JIS　5, 10
JISマーク　JIS mark　10
軸　shaft　128
軸受系列記号　bearing series number　115
軸基準式　basic shaft system　76
軸ゲージ　snap gauge　74
軸測投影　axonometric projection　12
軸継手　coupling　125
自在継手　universal joint　128
下の寸法許容差　lower limit of variation　79

索引

実効寸法　virtual size　97
実寸法　actual size　75
実線　continuous line　16, 17
十点平均粗さ　tenpoint height roughness　65
しま鋼板　checkered steel plate　41
しまりばめ　close fit, interference fit　75
しめしろ　interference　75
尺度　scale　19, 58
斜線　oblique line　45
斜投影　oblique projection　12, 13
シャフト　shaft　128
十字穴付き　cross recessed head　106
縮尺　contraction scale　19
主投影図　principal view　21
照合番号　reference number　148
定盤　surface plate　16
正面図　front view, front elevation　14, 21
除去加工　remove work　63, 67
伸銅品　copper parts　150

〔ス〕

すきま　clearance　75
すきまばめ　clearance fit　75
図示の区域　zones, division　147
筋目方向　directions so lay　63, 69
スピンドル　spindle　128
滑りキー　sliding key　132
スマッジング　smudging　35
隅肉　fillet　138
図面番号　drawing number　145
スラスト軸受　thrust bearing　121
すりわり付き　slotted head　106
寸法　dimension　43
寸法公差　variation of tolerance　73
寸法系列　dimension series　122
寸法線　dimension line　44
寸法補助記号　symbol for dimensioning　47
寸法補助線　extension line, projection line　44

〔セ〕

成形歯切り　molding gear cutting　113
製作図　manufacture drawing　162
製図　drawing, drafting　4
製図規格　technical drawing practice　7
正投影　orthographic projection　11

正方形　square　48
正方形の記号　symbol of square　48
接触角　contact angle　124
切断しないもの　non-cut parts　35
切断線　cutting line　31, 32
切断面　cutting plane　31
狭い場所　limited place　46
線　line　15
旋削穴　turning hole　51
センタ穴　center hole　129
全断面図　full section　31
旋盤　lathe　3

〔ソ〕

相貫線　intersectional curve　40
総組立図　general assembly drawing　5
創成歯切り　generate gear cutting　113
想像図　imaginary drawing　40
想像線　imaginary line, fictitious outline　16
側面図　side elevation, side view　15

〔タ〕

第一角法　first angle system, first angle projection　14
台形ねじ　trapezoidal thread　103
第三角法　third angle system, third angle projection　14
対称図形　symmetrical figure　37
対称図示記号　symmetrical symbol　30, 37
竹の子ばね　volute spring　117
多条ねじ　multiple thread screw　108
多品一葉式　group system drawing, multi-part drawing　5
たわみ軸継手　frexible shaft coupling　136
玉軸受　ball bearing　120
短縮図示　shortening view　38
単独形体　single feature　92
端末記号　terminal symbol　45
断面図　sectional drawing, sectional view　29

〔チ〕

チェックリスト　check list　153
中間ばめ　transition fit　75
中間部の省略　conventional breaks　38
中心線　center line　16
中心マーク　centering marks　146

長円　slotted hole　57
直角断面図　right angle section　33
直径　diameter　47
直径系列　diameter series　122
直径の記号 φ　symbol of diameter　47
直列寸法記入法　chain dimensioning　59

〔テ〕

抵抗溶接　resistance welding　137
訂正欄　corrected column　153
データム　datum　92, 94
データム三角記号　datum triangle　94
テーパ　taper　53
テーパねじ　taper screw　102
転位係数　addendum modification coefficient　114
転位歯車　profile shifted gears　114
展開図　development　27

〔ト〕

投影　projection　11
投影法　projectional drawing method　11
等角投影　isometric drawing　12
透視投影　perspective drawing, perspective projection　13
動的公差線図　dynamic tolerance diagram　98
通り側　ge-end　74
独立の原則　principle of individual　97
止まり側　not-go end　74
止めねじ　sets crew　106

〔ナ〕

内径（ねじの）　internal diameter, bore　100
内径番号　bore diameter number　122
ナット　nut　106
並目ねじ　coarse thread　100

〔ニ〕

二点鎖線　alternate long and two short dashes line　16
日本工業規格（JIS）　5, 10
二面図　two view drawings　23

〔ヌ〕

抜けこう配　draft angle　136

〔ネ〕

ねじ　screw　99
ねじ対偶　screw pair　99
ねじの外径　external diameter of thread　100
ねじの等級　grade of screw thread　109
ねじ歯車　screw gear　111, 116
ねじりコイルばね　torsion spring　118

〔ハ〕

倍尺　enlarged scale　19
ハイポイドギヤ　hypoid gear　111, 116
歯車　toothed wheels　110
歯車列　gear train　116
破砕断面図　broken-out section　32
歯先円　addendum circle　112, 115
歯数　number of teeth　112
歯すじ　tooth trace　116
はすばかさ歯車　spiral bevel gear　111
はすば歯車　helical gear　111
破線　broken line　16, 17
歯底円　dedendum circle　112, 115
破断線　break line　26, 32
ハッチング　hatching　34
ばね　spring　117
幅系列　width series　122
はめあい　fit, fitting　74
ばらつき　73
半径　radius　48
半径の記号 R　symbol of radius　48
半月キー　woodruff key　132
半断面図　half section　32

〔ヒ〕

比較目盛　metric reference graduation　146
引出線　leader line　46
左ねじ　left-handed screw　108
左巻きばね　left-handed spring　119
ピッチ　pitch　100, 112
引張りコイルばね　tension spring　118
ピニオン　pinion　111
ピニオンカッタ　poniion cutter　114
標準数列（表面粗さの）　roughness values　68
標準歯車　standard gear　114
表題欄　title panel, title block　144
表面粗さ　surface roughness　63

索　引

表面性状　surface quality　63
平歯車　spur gear　111, 117

〔フ〕

フェザーキー　feather key　132
深ざぐり　counterbore　52
深溝玉軸受　deep groove ball bearing　121
不完全ねじ部　incomplete thread　105
フックの継手　Fook's universal joint　136
不等角投影　anisometric drawing　13
太線　thick line　17, 18
部品図　part drawing　5
部品欄　parts list　148
部分拡大図　elements on larger drawing　47
部分組立図　partial assembly drawing　5
部分断面図　local sectional view　32
部分投影図　partial view　25, 39
プラグゲージ　plug gauge　74
ブランク　blank　116
フランジ　flange　56, 61
フリーハンド　freehand drawing　26

〔ヘ〕

平面図　plan, top view　14
平面部の表示　indicate of plane　40
並列寸法記入法　parallel dimensioning　60, 90
偏差　deviation　92

〔ホ〕

ボーナス公差　bonus tolerance　98
母材　parent metal　137
補助投影図　auxiliary projection drawing　26
細線　thin line　17, 18
細目ねじ　fine thread　100
ホブ　hob　114
ボルト　bolt　105
ボルト穴径　diameter of clearance hole for bolt　109

〔マ〕

曲げ加工　bending　28
交わり部　intersection　39

〔ミ〕

右ねじ　right-handed screw　108

〔メ〕

メートル系ねじ　metric screw thread　100
めねじ　female screw　99
面とり　beveling, chamfering　50
面とりの記号 C　symbol of chamfer　50

〔モ〕

モーズリー　Maudslay,H.　99
木ねじ　wood screw　106
文字　letter　19
モジュール　module　112

〔ヤ〕

矢　arrow　138
矢印　arrow head　45
やまば歯車　double-helical gear　111

〔ユ〕

有効巻数　number of active coils　119
ユニファイねじ　unified screw　102

〔ヨ〕

溶接　welding, weld　137
溶接深さ　welding depth　138, 141
溶接部記号　welding symbols　138
溶接継手　weld joint　137
要目表　particular sheet　116
ヨーロッパ式画法　European method　15
呼び（ねじの）　designation　100
呼び径　nominal diameter　100

〔ラ〕

ラジアル軸受　radial bearing　121
ラック　rack　111, 113
ラックカッタ　rack cutter　114

〔リ〕

リード　lead　108
リーマ　reamer　51
リーマ穴　reamed hole　51
リーマボルト　reamer bolt　135
略画法　schematic drawing　99
両側公差方式　bilateral system　80
理論的に正確な寸法　theoretically exact dimension, datum dimension　94
輪郭　border line　143

〔ル〕

累進寸法記入法　superimposed running dimensioning　60, 90
ルート間隔　root opening　138, 141
ルート半径　root radius　141

〔レ〕

レオナルド・ダ・ヴィンチ　Leonardo da Vinci　99, 110

〔ロ〕

ローレット　knurling tool　41
六角穴付き　hexagon socket head　106
六角ナット　hexagon nut　106
六角ボルト　hexagon headed bolt　106

主要参考文献

会田俊夫：歯車の技術史
Curts, M.：Tool Design for Manufacturing
Elger, A. J.：Probrems in Engineering Design
大西　清：JISにもとづく機械設計製図便覧
大西　清：JISにもとづく標準製図法
大西　清：製図学への招待
大西久治：機械工作要論
Gieecke, F. E. 他：Technical Drawing
Krar, S. F. 他：Technology of Technical Drawing
Matousec, R.：Engineering Design
宮崎正吉：工作機械を創った人々
Parkinson, A, C.：Foundation of Technical Drawing

本書籍は，理工学社から発行されていた『機械工学入門シリーズ 要説 機械製図（第2版）』を改訂し，第3版としてオーム社から発行するものです．オーム社からの発行にあたっては，理工学社の版数を継承して書籍に記載しています．

- 本書の内容に関する質問は，オーム社ホームページの「サポート」から，「お問合せ」の「書籍に関するお問合せ」をご参照いただくか，または書状にてオーム社編集局宛にお願いします．お受けできる質問は本書で紹介した内容に限らせていただきます．なお，電話での質問にはお答えできませんので，あらかじめご了承ください．
- 万一，落丁・乱丁の場合は，送料当社負担でお取替えいたします．当社販売課宛にお送りください．
- 本書の一部の複写複製を希望される場合は，本書扉裏を参照してください．

JCOPY ＜出版者著作権管理機構 委託出版物＞

機械工学入門シリーズ
要説 機械製図（第3版）

1987年8月20日　第1版第1刷発行
2001年1月10日　第2版第1刷発行
2015年3月20日　第3版第1刷発行
2025年5月30日　第3版第4刷発行

著　者　大西　清
発行者　髙田光明
発行所　株式会社オーム社
　　　　郵便番号　101-8460
　　　　東京都千代田区神田錦町 3-1
　　　　電話　03(3233)0641(代表)
　　　　URL　https://www.ohmsha.co.jp/

© 大西 清 2015

印刷・製本　デジタルパブリッシングサービス
ISBN978-4-274-21724-1　Printed in Japan